人生を好転させる掃除道。

每天把心掃乾淨

35個讓人生好轉的禪式整理術

枡野俊明 著
許紋寧 譯

前言

每當打掃寺院的時候，經常聽到前來參拜的民眾問我這個問題。

「庭園已經掃得這麼乾淨，連片落葉也沒有，堂內更是光可鑑人，半點灰塵都看不到，為何還要每天打掃呢？」

身為禪僧的我聽到這樣的問題，反倒覺得不可思議。

因為**對禪僧來說，掃除既是每天的工作，也是磨練身心的修行。**

禪語有句話為「**一掃除，二信心**」。

這句話教導我們，「首先要打掃，才能生信心（信仰之心）」。「掃除」就是如此受到重視。

但無須我說明何為禪式思考，相信大家透過自身的經驗，早就已經了解到，打掃與人的心理狀態密不可分。請試著回想一下——

是否每次打掃完後，**都感到神清氣爽？**

是否在清理灰塵與髒污時，**會有種內心的煩憂也跟著消失的感覺？**

是否將地板擦得閃閃發亮後，內心也跟著明淨敞亮起來？

我彷彿看見各位在用力點頭。

聽到我稱之為「掃除道」時，各位或許以為要進行嚴厲的修行，但其實就是每天謹慎且用心地打掃即可。禪的教誨就是這麼簡單。

那麼，請一起愉快地、神清氣朗地，踏上「掃除道」吧。

建功寺方丈　枡野俊明　合掌

二〇二三年十一月　吉日

CONTENTS

CHAPTER 1

「掃除」之於人生的用處

CHAPTER 2

如何擁有得越少，活得越富足

CHAPTER 3

每天都閃閃發亮的禪式簡單掃除術

CHAPTER

1

「掃除」之於人生的用處

掃除亦是「諸行無常」——完美狀態並不存在

前言裡說過，「掃除道」其實就是每天謹慎且用心地打掃。想必不少人聽了，會有下面這樣的想法吧。

「但又不是很髒，有必要每天打掃嗎？」

「髒了再掃就好了吧？」

但真正的想法，無非是覺得「打掃很麻煩」、「除了打掃，我還有很多事情要做，哪來的時間」。

可是，若因此疏於打掃，別說自己的住處，就連心靈與人生也會不斷累積污垢。

○「勤奮打掃」的重要性

「諸行無常」是佛教的根本思想之一，意思是「世間萬物所有一切，隨時都在流轉變化」。我們所在的空間亦是如此。即使打掃後變乾淨了，所謂乾淨的狀態也無時無刻不在改變。

例如灰塵才剛掃完便開始累積；
地板才剛擦過便開始失去光澤；
玻璃才剛擦過便開始變得黯淡；
庭院才掃乾淨便開始堆積落葉；
金屬才打磨過便開始失去光彩；
垃圾才丟完便開始累積。

如此，所謂乾淨的狀態根本持續不了一秒鐘。所以，我們應該盡可能勤加打掃。

○疏於「打掃心靈」的結果

心也一樣。

日常生活中若疏於打掃心靈，私欲、執著、妄想和邪念等「心靈的污垢」，便會不斷累積。

「心靈的污垢」具有容易累積的特性。譬如「私欲」，如果沒有意識到自己有著「想要這個、想要那個」的欲望，並及時踩下煞車，便會無止盡地膨脹。

釋迦牟尼佛說過這樣一句話：「即使讓喜馬拉雅山覆滿黃金，也無法滿足人類的欲望。」

一旦疏於打掃，人的身體和人生就會被這些世俗欲望纏繞住，那會讓人多麼痛苦，多麼空虛與無力啊。因此，每天的打掃才格外重要。

○避免「假日再統一打掃」

理解了佛教的「諸行無常」後，內心就不可能再有「等髒了以後再一起打掃就好」的想法。

最好的做法，就是**當成每天早上的例行公事，不急不慢、專心一意地打掃**。

但從現實層面來看，要「每天打掃家裡所有角落」或許強人所難。因此，可以試著**排出一週的計畫表，決定每一天要打掃哪個區域**，這應該是個不錯的方法。譬如「星期一掃廚房」、「星期二掃廁所」、「星期三掃玄關」、「星期四擦窗戶」等等。

若再進階**排出「每月、每年的打掃計畫」**，**一定更有幫助**。

打掃完後就在計畫表上做個記號，不僅能夠帶來成就感，說不定還會讓打掃變成一件令人期待的事。

首先，從列出必要的打掃區域開始吧。

○住家與心靈最好在弄髒前就保持乾淨

請切記，我們生來就擁有「潔白無瑕的美麗心靈」。

禪語有云：「一切眾生悉有佛性。」我們每個人都平等地擁有「佛性」，這顆被稱作「本來的自己」、「佛性」、「真如」和「主人公」的美麗心靈，一旦疏於清理，就會蒙上越來越多塵埃。

請各位要嚴正看待這項事實，因為若任由髒污累積且置之不理，久而久之就會變成難以清除的醜陋污垢，再也看不見原本晶瑩剔透的美麗心靈。

也請各位要了解到，等髒了再打掃是本末倒置。應該在弄髒之前，**趁著髒污還不多時清掃乾淨，如此日復一日，才是「掃除的真諦」。**

掃除與「悟道」息息相關

我想大家都聽過「到達悟道的境界」這種說法。悟道，意即「心中不再迷惑，悟得真理」。

聽起來好像很難，但我認為「悟道」其實是更日常的課題。打掃便是其中之一。

只要用心打掃，各式各樣的煩惱都會轉眼即逝。這不就是「悟道」嗎？

在專心做一件事時，腦海裡不會有其他雜念。

即便心存煩惱、迷惘與憂思，當你在專心做一件事時，很神奇地都會被摒除在意識之外，這正可說是「悟道」的瞬間。

也就是所謂的「悟則剎那間」。

值得慶幸的是，**掃除正是幫忙打開通道，通往「悟道」境界的「行」**。

○打掃的每個瞬間，都在走向「悟道」

每個人的生活總會遇到不如意的事情，例如像是「我到底為了什麼而活」這樣的煩惱。這種問題一旦在意起來，就會越陷越深，人彷彿像被捲進洗衣機的渦流裡，不斷鑽牛角尖，並開始落入負面的情緒漩渦，無法自拔。

人在迷失自我的時候，首先必須要察覺到自己正深陷在漩渦裡。而能幫助自己覺察到這一點的，正是打掃。

因為人在專心打掃時，容易與煩惱的自我拉開距離。接著恍然驚覺，「煩惱再多也無濟於事嘛」。到了這一步，思考與行動才會轉向樂觀積極。

○逸事——「香嚴擊竹」的教誨

有一則相當引人深思的逸事，正好暗示了打掃與「悟道」的關係。是關於中國唐末禪僧香嚴智閑[1]如何開悟的故事。

香嚴禪師出家之前，便是頗富盛名的聰明才子，能夠聞一知十。他先拜當時的禪宗高僧百丈懷海禪師[2]為師，然而百丈懷海禪師不久便圓寂仙逝，他便改到師兄溈山靈祐禪師[3]處學禪。

某天，溈山禪師向香嚴這麼問道：「父母未生時，試道一句看。」意思是要他試著闡述自己出生之前，還在娘胎裡時的心境。

然而，香嚴禪師甚至無法理解這個問題的用意。

這裡的「父母」，並非字面上父母親的意思，而是一種將萬事萬物都分成正反兩面的思考方式，例如黑白、善惡、美醜與明暗等。人在出生之前，既無東西南北的概念，自然也不可能有這種二元對立的思考，所以也能解讀為，闡述自己心靈最根本的面貌。

但即便如此解讀，這個問題還是非常難以回答，就連聰明絕頂的香嚴禪師也被難倒了。他搜索枯腸，也試著向溈山禪師說出

1 ?~八九八，唐代禪僧，青州人，住在鄧州香嚴山，後人稱謂香嚴禪師。有偈頌二百餘篇，隨緣對機，不拘聲律，諸方盛行。

2 七四九~八一四，唐代禪僧，俗姓王，名懷海，福州長樂人，因居洪州大雄山百丈巖，人稱百丈懷海。

3 七七一~八五三，唐代禪僧，俗姓趙，福州長溪人，為「溈（ㄍㄨㄟ）仰宗」的開創者。

自己的答案，卻一再遭到否決。

最終他認為，「腦中的所思所想不過是學問，縱然學富五車也無用武之地。若想悟得真理，文字與學問反倒是妨礙。」於是他辭別溈山禪師，並將所有經書焚燒殆盡。

後來，香嚴禪師在敬仰的慧忠國師[4]之墓所在的湖北省武當山結廬而居，守著這位國師的墓住了下來。

有一天，他心無旁騖地除草打掃，正要將掃帚聚攏的落葉倒進竹林裡時，大概是其中夾雜了顆小石頭。那顆石頭擊中竹子，清脆的聲響迴盪在寂靜的墓地。

香嚴禪師於是在這個瞬間得到答案（開悟），更用一句話來表達自己的心境：

「一擊忘所知。」

○有了「掃除力」，才有「定力」

故事說得有些太長了。總之，香嚴禪師多半是領悟到，「石頭與竹子只要兩者缺一便無聲響，唯有偶然相撞，才產生了聲音」，從而悟得真理。或許有人會不以為然，覺得這是廢話，但其中卻蘊含著開悟者才能體會的深奧真理。

可能也有人會問：「所以，香嚴禪師得出的答案是什麼？」但在這則逸事中，需要留意的並非是問題的答案，而是香嚴禪師因為在每日的生活中持續問道、專心打掃，才能因石頭擊中竹子這種小事而得到開悟的機會。

別凡事都想以理來論述，總之就全心全意打掃吧。專注於打掃時，

4 南陽慧忠（六七五～七七五），唐代僧人，備受唐朝三代皇帝禮遇，受封國師。

才有可能踏上通往「開悟」的道。

事實上，養成打掃的習慣，有了「掃除力」後，不僅不容易被周遭事物影響，還能看清事物的本質。**打掃，有助於培養定力與強大的內心。**

打掃等同一個人的生存之道，所以是掃除「道」

劍道、柔道、茶道、花道、書道……日本有許多以「道」為結尾的文化。

所有的道，原先都著眼於磨練「技術」，分別是劍術、柔術、品茗、插花和書法。

這些技術結合了禪宗思想後，才被定位成追求生存之道的修行。

打掃亦是同理。

等同生活方式的「道」——所以是「掃除道」。

○逸事——「柳生宗矩與澤庵禪師」的教誨

「道」是什麼？

以劍道為例，來介紹一則有關柳生但馬守宗矩與澤庵禪師的逸事吧。

柳生但馬守宗矩[5]曾任德川將軍家的劍術指導老師，於某個下雨天拜訪澤庵禪師[6]。兩人一邊飲茶，一邊論道。

禪師說：「不如你到雨中斬雨，讓我見識一下你的劍術吧。」

宗矩心想這可是大展身手的好機會，便走進傾盆大雨中，揮劍斬雨。

然而禪師看罷，卻對此笑道：

「原來你的劍術不過爾爾，全身都濕透了。」

自認劍術天下第一的宗矩聽了很不是滋味，忿然挑釁道：

「那換我見識一下禪師的絕招吧。」

禪師依言走到屋外，張開雙臂，任雨淋下，全身自然也濕透了。宗矩大笑起來，覺得兩個人半斤八兩。禪師卻這麼說了：

「你與雨對峙，揮劍斬雨，終至全身濕透。但我不一樣，我是與雨合而為一。」

於是自這天起，宗矩開始參禪。想必是透過澤庵禪師「不戰，與雨共存」的姿態，領悟到了劍術的真諦吧。

5 一五七一～一六四六，日本江戶時代初期的武將和劍道家，大和國柳生藩的初代藩主。

6 澤庵宗彭（一五七三～一六四六），日本安土桃山時代至江戶時代前期的臨濟宗之僧，大德寺住持。

○當「武術」變成「武道」

最終，宗矩學會了「不被外在所束縛」。

在此之前，他都是先決定好要攻擊的部位才擺好姿勢，伺機而動，但是這樣一來，反而難以判斷對方會在何時露出破綻。譬如預先瞄準腹部的話，一旦把注意力都集中在腹部上，就會錯過可以攻擊頭部或手部的絕佳機會。宗矩恍然領悟到這一點，因此學會了如何「一邊移動，一邊在對方露出破綻時一舉進攻」。

這相當於宮本武藏[7]的「一拍子的打擊」吧。

宮本武藏所著的《五輪書》既是劍術指南，也是禪書，他曾在書中這樣寫道：「當大腦決定好行動，擺出相應的姿勢準備攻擊時，需要數到兩個拍子。但與人對戰時，這樣就太慢了。必須在對方尚未擺好姿勢、露出破綻時，身體就想也不想地展開行動，出手攻擊，這便是『一拍子的打擊』。」

受到攻擊的那方，恐怕還沒反應過來就被擊中了，不僅沒有落敗的真實感，甚至也不覺得自己和對方交手過。但是這也無可厚非，因為早在雙方的劍刃交鋒之前，便決定了勝負。

宗矩與武藏正是因為持續精進劍術，讓自己「與劍合而為一」，才能達到這樣的境界。到了這個境界，劍已然超越了「術」，變成一種「道」。

○「掃除三昧」之於人生的用處

掃除加上「道」變成「掃除道」後，也和「劍道」一樣，持續練

7 一五八四～一六四五，日本江戶時代初期的劍術家、兵法家、藝術家，二天一流劍術的始祖，以「二刀流」聞名於世。

習如何與打掃合而為一後，就能踏上「打磨內心，擁有更好人生」的「道」。

禪學裡，將心無雜念、專心一意地與某樣事物融為一體的狀態稱作「一如」。

而我們禪僧所受的教導，就是**「掃地時當自己是根掃帚，擦地時當自己是塊抹布，每個地方都全心全意打掃」**。

類似的意思，還有**「三昧」**一詞。

一般情況下，三昧都念成有濁音的「zanmai（日語發音）」，例如「每天都過著讀書三昧（從早到晚讀書）的生活」、「真想要退休後過上旅行三昧（成天旅行）的生活」。

雖然同樣有「投入其中」的意思，但念成清音的「sanmai（日語發音）」時，重點更放在心靈的專注上。

尤其坐禪，更被稱作「三昧王三昧」——是集中心神的最佳修行。

既然掃除與坐禪並列，都是重要的修行，那麼**打掃時的大原則，就是要讓自己進入「掃除三昧」的狀態**。

要有「一秒鐘也不浪費」的決心，拋除心中所有雜念，專心一意地沉浸在打掃工作上。當你心無旁鶩、全神貫注，便能夠達到「三昧的境界」。這麼做除了能帶來「成就感」，也會覺得心靈受到洗滌。

像這樣將打掃視為一種「修行」後，腦海中那些懶散的念頭，比如「偷懶一天也沒關係吧」、「不用掃得那麼乾淨也無所謂」，自然也會消失。

動手打掃前，請試著這麼大聲宣布：「好，我接下來要開始打掃三昧了！」

想要專注的心就會受到鼓舞，專注力自然跟著提升。

從禪僧的「作務」學習掃除的心得

禪僧每天都要從事名為「作務」的勞動。除了掃除與農務，和寺院經營相關的各種雜務也包含在內。

各位或許以為這些工作很輕鬆，實則不然。

作務與「法務（坐禪、誦經、學習）」以及「檀務（與施主的交際往來）」並列，都是非常重要的工作。

對禪僧來說，「行住坐臥」，也就是「生活的一切全是修行」。

那麼透過「作務」來了解掃除的心得吧。

○「作務」是這樣誕生的

為「作務」奠定基礎的，是中國唐朝的禪僧百丈懷海禪師。

佛教在印度誕生時，僧侶的三餐必須仰賴他人的布施才能溫飽，因為戒律禁止僧侶自行準備食物。

但佛教傳至中國後，由於禪寺建在人煙罕至的深山當中，僧侶無法走到路途遙遠的市鎮托缽，也就難以再靠著布施度日。

於是僧侶開始自行耕作，過起自給自足的生活。

百丈禪師囊括這些農務，將生活所需的所有勞動都定為「作務」，更將作務定義為重要的修行。

自此之後，禪僧都會安排好自己一天的行程，決定什麼時候做什麼事。

○ 箍住怠惰之心

佛教用語中有一箍字，意為「束縛」——藉由每天規律生活，便可以控制住動不動就想偷懶不執行作務，或是想敷衍了事的「怠惰之心」。

而且只要規劃好時間、內容，接下來便可以不作他想，靜靜執行作務即可，進而調身、調心。

前面提到過的百丈懷海禪師，還曾留下這樣一則逸事。

百丈懷海禪師上了年紀之後，弟子們擔心他的體力已經無法耕作，遂將他平日慣用的農具藏了起來。為此傷透腦筋的禪師，對弟子們這麼說：

「我若不能下田耕作，便也不能吃飯。」

「一日不作，一日不食」的禪語，正是由此而來。

想必還有人會聯想到「不工作者不得食」這句話，但這句話跟百丈懷海禪師說的意思有些不太一樣。

我們每個人生來在世，「為了世間、為了他人，各有能做的事與該做的事」，這也可以稱之為「使命」。

對禪僧來說，做好包含掃除在內的作務與修行，就是自己應當完成的使命，若有偷懶懈怠，這一天活著便沒有意義。這便是百丈懷海禪師的意思。

我們需要效法禪僧，在作務中找到自己的存在價值，並當作是修行的一部分，而且要理解到寺院打掃雖是作務之一，但其實有著如此重大的意義。

家對所有人來說，亦是重要的「人生道場」，就如同禪僧眼中的寺院，所以當然需要好好打掃。

○打掃的訣竅在於用「身體」記住

禪所提倡的，是凡事都要「用身體，而不是用大腦記住」。

打掃也一樣。

師兄不可能一個口令一個動作悉心指導，譬如「掃帚應該這樣揮掃，才能將灰塵掃乾淨；地板要用擰得恰到好處的抹布去擦拭；想在短時間內打掃乾淨的訣竅是……」沒有任何人會告訴你打掃的訣竅。

打掃這門學問，唯「實踐」而已。透過日復一日，用全身、全力、全速去投入其中，由自己找到最好的方法，一邊改善一邊掌握訣竅，並從中體會生存之道。

也就是說，用身體而不是用言語去體會，即是「禪流掃除術的心得」。

現代人生活在資訊社會裡，任何事在體驗之前，都會先去搜尋、瀏覽情報，便常常自以為已經明白了。

然而，這樣絕不可能真正理解。不單掃除而已，每一件事都應該心無雜念地投入其中，直到「身體記住」為止，甚至在記住之後依然不斷反覆去做。

最終才能達到磨練技術與修身養性的作用。

掃除不單是髒污的清理，也是空間的整頓

房間的雜亂等同心境的雜亂。

平時不勤於打掃房間的人，內心十之八九也充滿雜念。

但是呢，**內心的雜亂能透過打掃來整頓。只要打掃時，意識到自己不只是在「清理髒污」，也是在「整頓自己所住的空間」即可。**

房間整理好了，紛亂的心自然會平靜下來，進而懂得約束自己的言行舉止。

人在走進物品擺放整齊，收拾得井然有序的乾淨房間裡時，都會感到一陣清爽，接著下意識地想挺直腰桿，端正坐好。

也自然會提醒自己，要小心別弄髒房間，不要等到弄髒後再整

理，平時就要維持整潔。還有別在地板上堆滿雜物，東西用完後要放回原位。

○看著凌亂的空間，內心也會紛亂雜陳

一旦房間整理好後，只要看到有些亂了，或是哪裡有些髒污，就會變得難以忍受。

只是，要將此養成習慣，其實相當不易。因為**人性只要有一次對少許的髒污和雜亂視而不見，內心馬上會習慣性地認為「髒了、亂了也沒關係」**。

好不容易清掃乾淨、打理得井井有條，一旦開始變亂，就會一發不可收拾。久而久之，就很難再產生「來打掃乾淨吧」的想法。

最終，便會習以為常地任由自己待在髒亂的房間裡，而要到達這

個階段，其實並不需要多少時間。

當你踏進雜亂的空間，當滿室的狼藉映入眼簾，內心必然跟著充滿雜念。

○乾淨整潔的房間有助於「端正言行」

驚人的是，當一個人的房間雜亂不堪，也會連帶影響到他的舉止與談吐。

舉個極端點的例子，比如衣著邋遢地躺在沙發上或床上，還邊吃零食邊看電視，無論對誰都惡言相向，而且即使變成這副模樣，自己也完全不以為意。

然而，待在乾淨整潔的房間裡時，不可能做這樣的事。即便想要放鬆，也會穿上還算得體的服裝，更不會坐沒坐相，連用字遣詞都變得比較文雅。因為**看著潔淨清爽的房間，會覺得出於禮貌，自己也應該端正身心與言行。**

所以清爽乾淨的房間，很自然地會匡正一個人的心態與談吐。

待在雜亂的房間裡，會浪費人生寶貴的時間

其實不只房間，就連包包內部與辦公室的桌面，但凡放置物品的空間都不應該雜亂無序。

因為雜亂的空間會讓你找不到重要物品，結果在尋找東西上浪費大把時間。**人生寶貴的時間用在尋找東西上——沒有比這更浪費光陰的事情了。**

然而，確實有些人經常在找東西。

他們會在房間裡翻箱倒櫃，怎麼也找不到想要的東西；到了車站、活動會場或電影院也找不到票，然後不停翻找包包，記得自己明明把票放進了包包裡；工作所需的資料存進電腦後，卻不知道存去了哪裡，

只能到處搜尋。

○一旦開始尋找，內心便無法保持平靜

肯定有人有過上述的經驗吧。
有時還會牽連眾人，搞得大家雞飛狗跳。
一旦開始尋找東西，內心就會充滿雜念。
而尋找的環境越凌亂，就越難找到自己想要的東西，因為內心會一味焦急、慌張、不知如何是好，心情難以保持平靜。
然後越是心慌意亂，越難保持鎮定理智。
最終，心境會與雜亂的環境同步，變得混亂而沒有秩序。

○ 掃除即是「平常心是道」的實踐

禪語有句話為**「平常心是道」**。

「平常心」一般意味著「保持與平常無異的心態」，但在禪的世界裡有些不同，指的是「沒有執著，誠實面對自己的心」。

意思是，**當你找不到當下要找的東西，內心就會執著在尋找一事上，因而無法平心靜氣**。「平常心」後面的「是道」兩字，是在教導世人「讓自己維持在無所執著的狀態即是『道』——進而才能領略禪的精髓（悟道）」。

反過來說，只要**環境整潔，就能保有平常心**。打掃時，只要所有物品都整齊歸位，便能夠實踐「平常心是道」。

這也再次證明，打掃不應該被視為單純的家務，而是一門需要持續精進的「道」。

所有東西都在該放的位置上

上個章節說過，「找東西會讓人失去平常心」。

那麼，人們平均都花多少時間在找東西上呢？

日本文具大廠KOKUYO曾在二〇二一年調查過「上班期間，花了多少時間在找東西上」，結果是「一天平均十三．五分鐘」。

換算成一年，就是一年有「五十四小時」。

但恐怕現實中，人們所花費的時間要更久吧，若再加上工作以外的時間，實際花費時間肯定更多。經常找東西的人，花費時間更是其他人的好幾倍。

人生還有許多事情比找東西更重要，時間就這麼浪費在這件事上，實在教人心痛。

○ 為物品決定好專屬位置

東西會頻繁「消失」的原因只有一個，那就是「**沒有放在它該在的位置上**」。

也就是拿出來使用後，卻沒有放回原位，而是隨手亂丟。正是因為沒有既定的擺放位置，需要時才會找不到，為了避免這種情形發生，我經常如此建議：

「為每樣物品決定好它的專屬位置。」

只要預先決定好物品的擺放或收納位置，使用後就能「什麼也不想」地將東西歸回原位。下次使用時，也會想起那個東西放在哪裡，順利找到。

如果專屬位置是一家人之間的共識，那更是再好不過。這樣當物品遍尋不著時，就可以避免需要動員所有家人，一起找東西。

自然也不用因為找不到而買新的，多一筆無謂的開銷。

○徹底養成「用完就歸位」的習慣

這種「為物品決定好專屬位置」的做法，是我在雲水修行[8]時習得的。因為過著團體生活，包含打掃工具在內的所有用品，若有人在使用後就隨手放置，會給下一個使用者造成困擾。

寶貴的修行時間怎可浪費在尋找東西上，所以我們都被要求，必須徹底養成「為物品決定好專屬位置，並在使用後歸位」的習慣。多虧於此，大幅避免掉了浪費時間在尋找東西上。

所有物品使用後都應該立即歸位。

8 指雲遊四海的行腳僧或修行之人。雲水者，行雲流水，常行於所當行，而止於所不可不止。禪修者必須接受嚴格的身心試煉，並透過生活中最平凡的行住坐臥，練習放下自我的習見。

這是收納的訣竅，也是鐵則。

○過多的物品會剝奪身心自由

為所有物品決定好專屬位置這件事，也能應用在包包裡的小東西上。例如手機、鑰匙、錢包、手帕、面紙、便條紙和文具等等，只要決定好了各自的收納位置，就能減少翻找的次數。

包包內部的雜物會這麼多還有一個原因，那就是「**隨身物品太多了**」。

比如我有位熟人，他不管走到哪裡，都會隨身攜帶一個偌大的運動包。明明已經退休了，卻和退休前一樣走到哪裡都帶著運動包。

運動包裡除了筆電類的辦公用品，還有雨傘、內衣鞋襪，和替換衣物等等的過夜用品吧。出差時固然有需要，但他似乎連平常外出時，也不會替換運動包裡的用品，而是拿著就出門。

明知不會時時用到，但本人卻表示不帶著這個運動包就不安又難受。在此，想請有同樣情況的人聽我一句勸：

「如果因為不安就帶了比平常更多的東西，而且毫無需要，這只會增加心理上的負擔，讓人難以輕快前行。」

過多的物品，會剝奪身心的自由。

○ 請試著減少隨身用品

我自己平時就非常注重**「輕裝上路」**。我經常在國內外出差，但無論去到何處，基本上就是一只頭陀袋[9]、一只公事包，不曾在機場託

9 「頭陀」意指修習十二種苦行的比丘（男子出家受具足戒者的通稱，女子出家受具足戒者則稱「比丘尼」），「頭陀袋」即行腳僧的隨身行囊。

運行李。

服裝也是一成不變的作務衣，所以換洗衣物主要就一套貼身衣褲，即便長期出差也只要兩套就夠了。但也因為帶的不多，所以我會每天清洗，每天換上乾淨的衣物。

另外還有一件事，我也與那位總是帶著運動包的熟人呈現兩個極端。他因為一年到頭經常到國外出差，會在當地購買貼身衣褲，偶爾還會用完即丟。他說這麼做可以維持回程的輕便，**缺少什麼在當地購買即可。**

畢竟現在這個時代，就算有東西忘了帶，也能在便利商店等地方輕易取得。除了日常生活，國內外的出差也是，**我認為「減少隨身用品」是重要的掃除道之一。**

家應該是最能放鬆歇息的場所

早晨出門前若任由住家一片混亂，回家時會不會讓你產生「不想回去」的念頭呢？

好不容易晚上要回去了，應該好好放鬆歇息，卻一點也沒有這樣的期待。

隨著離家門越來越近，一想到回去後還要先收拾整理，就開始感到心煩鬱悶，腳步也變得沉重。在這種情況下，「家」不可能成為為家人帶來幸福感的空間。

「每天早上出門前，先把房間整理乾淨吧，否則會讓人對『回家』感到抗拒。家庭的失和，就源自這樣微小的細節。因此，早晨的整理非常重要。」

每當我這樣開導他人，多數人都會反駁說：「可是早上手忙腳亂的，哪來的時間收拾整理。」

但是，真的如此嗎？首先，請問自己這個問題：

「為何我早上總是手忙腳亂？」

○減少五分鐘、十分鐘的賴床

能想到的原因只有一個，那就是**「太晚起床了」**。

如果在出門前的應做事項當中，加上收拾整理這一項，並計算好所需時間，再從出門時間往前推算，就可以設定好起床時間。只要在設定好的時間確實起床，就能徹底避免「早晨手忙腳亂」的情況發生。

雖然每個人都把「沒有時間」掛在嘴邊，但其實收納整理所需的時間，也不過短短十分鐘而已。需要做的，也只是整理寢具、把脫下的衣物放進洗衣籃裡、把亂放的書籍和雜誌等集中堆在一起、清洗髒碗盤，僅此而已。

有些事情甚至睡前就能處理完畢，而且所需時間可能五分鐘都不到。

如果為了多睡那五分鐘、十分鐘，就懶得收拾整理，那麼家就很難成為一家人都能放鬆歇息的場所。

一旦發展至此，實在教人遺憾。

○家庭的不和源自住家的髒亂

一般說到「家」，應該是一處自己和家人都能放鬆身心的空間。

在外一直披著的隱形鎧甲，終於能在回到家後自然而然卸下，不必再為工作和人際關係煩惱，能夠喘一口氣，身與心都放鬆下來。將

住家打造成這樣的環境，是非常重要的。

但如果回到家後，首先得挪開東西才有地方坐，也得先洗碗才能煮飯、吃飯；換下的衣物還隨便堆成一團、垃圾桶滿到沒有多餘空間。面對這樣的環境，別說是放鬆休息了，只會讓人越來越心浮氣躁。

一旦住家的環境髒亂無序，即便一家人有時間圍著餐桌吃飯，氣氛也不可能融洽愉快，只會想要宣洩彼此心中的不耐，家庭的不和便是由此而生。

除了一家人共用的客廳，夫妻的臥室和孩子們自己的房間，使用者也應該將房間視作自己的聖域，時時收拾整潔，勤於保持乾淨。

或許可以考慮**家人間定個生活公約，規定彼此將自己的房間視作「聖域」，各自負責維持整潔**，這應該是個不錯的辦法。

越看不見的地方，越要細心打掃

打掃時，你是否會不移動家具，只簡單清理肉眼看得見的地方呢？這種行為背後潛藏著「只要乍看下乾淨就好」的心態。

有這種心態的人，無論遇上什麼事情，都只會做做表面工夫。例如工作、人際關係與日常的生活習慣，凡事都流於表面。

唯一的改善方法，就是**「連看不見的地方也徹底打掃」**。

要是只打掃肉眼看得見的地方，灰塵就會日復一日累積，畢竟灰塵具有**「往角落聚集」的特性**。

舉個例子，大家應該都有過大掃除時移動家具，看見底下積有大塊棉絮的經驗吧？

平常如果不勤於清理縫隙間的灰塵，定期挪開家具使用吸塵器，髒污就會累積得越來越驚人。

○這些地方也要打掃

另外，電視後方與插了許多插頭的插座四周等等，也會因為靜電的關係而容易累積灰塵。

這些角落因不好打掃，加上日常生活中不容易注意到，所以很容易任由灰塵不斷累積。偏偏這些容易發熱的地方，一不小心就有可能釀成火災，是非常危險的區域。

除此之外，飄散在空氣中的塵埃最終也會落在每個角落。桌面還會經常擦拭，但像家具的頂部與縫隙、空調、風扇、暖爐、抽風機、冰箱、電話等家電四周，以及拉門的木框和窗框溝槽等，都是不起眼卻容易累積灰塵的地方。這麼一列舉，才發現容易掃不乾淨的地方還真不少。

還有許多人明知角落積著灰塵，但既然不起眼，便假裝沒看見，「刻意地忽略」打掃這回事。久而久之，也就對灰塵與污垢不以為意。

打掃庭院的時候，也別忘了檢查樹根一帶。往下凹陷的地方，說不定早已堆滿了落葉與垃圾。

○ 如果沒有習得「掃除力」就長大成人……

之前，我曾聽人這麼感嘆過：

「我叫孩子去掃地，沒想到他竟然從房間正中央開始掃。」

想必沒有人會覺得「這有什麼不對」吧，因為正確的掃法是**「從角落掃到中央」**。剛才說過，灰塵容易在角落聚集，所以必須從角落掃到中央，才能清掃乾淨。

現在學校也都有十五分鐘左右的「掃地時間」，但或許未曾向學生說明打掃的意義，也沒有教導正確的掃地和拖地方法，儘管這些是基本須知。

若沒有習得「掃除力」就長大成人，將來或許會偏離正軌，難以活出美好的人生。

○ 公司也應該有「掃地時間」

大人也一樣。如果認為「打掃是家庭主婦的工作」，便把家務都丟給一個人做，那麼除了那個人，其餘家庭成員都無法享受到「打掃的恩惠」。

即使唯一負責的人能將住家打掃得一塵不染，這樣還是不行。因

為打掃就是要動到自己的身體，才能成為磨練自己的「道」。

更別說如果沒人負責打掃，而且每個人都覺得髒了的話，想掃的人再去掃就好，那麼一家人終將離幸福越來越遠。

最理想的情況，就是「**每天早上起床後，吃飯前各自清理自己負責的區域**」。試著把這定為一家人的生活公約吧。

但是每天打掃，一定有難以清理乾淨的地方。這些不好打掃的區域最好還是一週一次，動員所有家庭成員一起清潔。打掃後不只住家乾淨了，一家人也能常保心平氣和。

順便在此提倡，**各公司也應該設置「打掃時間」**。就算已經請了專業的清潔公司，但各自的座位還是應該自行整理。十分鐘、十五分鐘都可以，讓所有人一起打掃。養成這樣的習慣後，不僅有助於提升每個人的工作能力，也能加強組織的凝聚力。

具備掃除力的人能吸引來更多「善緣」

確實做好房間收納與打掃的人，日常生活不會累積壓力，身與心都舒暢自在。內在的佛性經過打磨後，便能以無瑕的美麗心靈看見重要的事物。

所以當善緣（＝幸運、機會）出現在眼前時，就能及時把握。以禪來說，**掃除力就是「（原）因」**，幸運是「緣」——兩者互相吸引，**「結合成為因緣」**。

至於壓力，說穿了就是「內心的污垢」。

一旦開始累積，內心的空間就會被名喚壓力的污垢占據，行事變得沒有餘力，做任何事情都匆匆忙忙。

○如何面對自己不想做的事

另外，人在遇到不想做卻不得不做的事情時，也會產生壓力。

譬如被迫攬下不擅長的工作、和相處不來的人見面，又譬如不得不壓抑自己配合他人、事情不能照自己想的去做、接下燙手山芋等等，這種時候內心都會感到痛苦。

雖然想得單純一點，不想做的事情不做就好了，這樣自然可以減輕壓力，但事情往往沒有這麼簡單。

因為**「不想做」的事情中，可能有些事情你也覺得「應該去做」**。

所以，不能僅憑個人好惡就隨便斷定「這件事情我不想做，我才不做」。但是，若過於刻意地去壓抑「不想做」的心情也不好。儘管這方面的判斷並不容易，但其實對於具備「掃除力」的人來說，這一點也不難。因為他們可以透過「原本的自己」，精準判斷自己應該做的事情。

○打掃才是消除壓力的最佳辦法

如前所說，具備「掃除力」的人擁有無瑕的美麗心靈。有著潔淨的心，自然能清楚分辨自己想做的事、雖然不太想做但應該要做的事，以及並非非做不可的事。

具備掃除力的人就算接到了不太想做的工作，只要「本來的自己」判定應該要做，便會打起精神來要自己樂在其中，並作好萬全的準備。

只要稍微改變心態，即便是不想做的事情，給人的感覺也會完全不同，而且做著做著，還會真的漸漸樂在其中。

另一種情況是，**具備掃除力的人在接到不想做的工作時，會當作**

這是一種「緣分」。總之，先將「不想做」的厭煩心情收起來。這樣不僅能夠提升專注力，迅速著手處理，更能因此串連起下一次的「緣分」。

正因具備「掃除力」的人平常總將「本來的自己」打磨乾淨，所以凡事才能按照自己所想的去處理，自然也不會被壓力束縛。

身心的失調，可以說全是壓力所引起的也不為過。若想消除壓力，打掃正是最好的解方。

打掃也有助於提升工作效率，打好人際關係

請各位轉頭看看四周吧。

座位總是井然有序的人，是不是工作能力也比較出色呢？論起原因，主要有以下三個。

第一個，是因為**座位整理得有條不紊的人，自然也能按部就班處理好工作。**

和找東西一樣，桌面如果凌亂不堪，無論是資料還是文具，很容易在需要時找不到東西。一旦浪費時間在找東西上，工作效率自然會下降。

第二個，是因為**坐下的瞬間馬上就能啟動開關**，進入工作模式。開頭順利了，接下來處理起工作也能很快進入狀況，一個接一個地迅速完成。

對比之下，不整理座位的人即便要開始工作了，也會在開始前覺得需要先整理一下桌面。與具備「掃除力」的人相比，無論是時間還是心態，都會大幅落後。

第三個，是因為**大腦會與乾淨的桌面同步**，**思緒保持暢通**。

總結起來，具備「掃除力」的人因為思路不容易打結，反而清晰流暢，所以能夠精準又迅速地歸納出結論，判斷準確、行事果決。

反過來說，平時不整理座位的人，大腦也經常是一團混亂，難以有條理地思考。而且無論碰上什麼事，總要煩惱再三、猶豫不決，所以做每件事都要花上許多時間。

各位覺得如何呢？**經常煩惱自己老是工作不順的人，是否清楚明白到了原因所在？答案正是「打掃」。請馬上動手整理自己的座位吧！**

○不討人喜歡、讓人想迴避的人「內心的模樣」

我認為人類大半的煩惱，來自人際關係。

為什麼會和人處不來？追根究柢，我認為這與每個人「內心的模樣」密不可分。

首先，人際關係不好的人——換句話說，也就是不討人喜歡、讓人想避開的人，以及事情不如意就消沉沮喪、總是捅婁子的人，具有怎樣的特徵呢？

請試著列出所有能想到的特徵。

比如說沒自信、善妒、愛吹牛、自私、固執己見、優柔寡斷、愛生氣、喜歡歧視他人、沒禮貌、牆頭草等等，還有愛管閒事、總是臭著一張臉、講話輕佻、愛說謊、愛說別人壞話、不合群的人……

實際列舉出來後，便會驚訝發現不討人喜歡的特質竟然有這麼多。

想一一改正並不容易，但其實有個方法能夠一舉改善。

那就是讓自己擁有「掃除力」。

○打掃能幫助自己擁有開闊的心胸

請各位再思考一下，其實這些特徵，都是「本來的自己」並不具有的負面特質。對於「本來的自己」來說，這些只是污垢。而且從沾上污垢的那一刻起，就會失去「本來的自己」。

那麼，為何擁有「掃除力」、打磨「本來的自己」，就能改善人際關係呢？

這是因為**「打掃能讓心對外開放」**。換句話說，**「打掃能夠讓人擁有開闊的心胸」，變得直爽、開朗**。

如上所述，「本來的自己」即為「佛性」、「佛祖之心」，有著這般內心模樣的人，大家都會放下心來想親近他，產生「想和這個人見面」、「想和這個人待在一起」、「想和這個人往來」的念頭。正因如此，才能與許多人結下善緣。

從不打理生活周遭的人，內心也會混亂不堪——截至目前為止，我一直在強調這一點。因為當一個人心思煩亂，內心充滿負面情緒，還有以自我為中心的邪念時，不可能敞開心門。

也正是因此，才無法與人順利往來交流。既無法與人廣結善緣，也很難遇到好事發生在自己身上。

因人際關係而起的各種問題，大多能透過擁有「掃除力」，並且在找回與打磨「本來的自己」的過程中解決。

「掃除力」，是既簡單又能有效改善人際關係的方法。

CHAPTER

2

如何擁有得越少，活得越富足

購物難以填補內心的空虛

人類的欲望沒有止境。

假設有個想要的東西，你也如願得到了，但轉頭又會想要更好或者其他的東西吧。「渴望更多」的心只會不減反增。**買再多的東西，也只會累積「內心的污垢」**。

現在舉凡電視、雜誌和網路，各種傳播工具都在刺激讀者與觀眾的物欲，近年來這種攻勢更有急遽增加的傾向。

尤其網路上，ＡＩ（人工智慧）會蒐集瀏覽和購買紀錄等資料，分析使用者的喜好，再精準展開「攻擊」，明確地知道你想要什麼。

一**不留神，本就難以控制的物欲更是受到媒體操控**，最終演變成抑制不了自己的渴望，什麼都想要。

○「執著」則生苦

禪宗裡，將人心被欲望蒙蔽的狀態稱作「執著」，並且一有機會就告誡世人：**「凡事切勿執著。」**

因為引人生出執著的「欲念」，具有容易變本加厲的特性。物欲尤以為最，買了衣服，還想買包包、手錶、車子……得到以後，又想要更多的東西，簡直無窮無盡。金錢欲也一樣，這是讓人感到痛苦的源頭。

其實「本來的自己」非常純粹，無私欲也無執著，也不會計較利害得失。**請試著處理掉一時衝動所購買的物品，好好整理房間吧，這麼做有助於清理掉名為執著的「內心污垢」。**

○以「知足」為座右銘

物欲之所以棘手，是因為不管買了再多想要的東西，內心的幸福**感也只會持續非常短暫的時間**。注意力會馬上被下一個想要的東西吸走，因此幸福的感覺很快就被內心的渴望取代。

這就像是陷在「執著的循環」裡，倘若置之不理，內心會深陷在「沒有止境的痛苦裡」掙扎。

若想擺脫這樣的困境，有句禪語可以幫助大家。

「**少欲知足**」。

這句禪語出自《遺教經》（正式名稱為《佛垂般涅槃略說教誡經》）這部經書，內容是釋迦牟尼佛在臨入涅槃[10]前所留下的最後教誡。連同

10 意譯為滅、滅度、寂滅，指滅一切貪、瞋、痴的境界。因為所有的煩惱都已滅絕，所以永不再輪迴生死，一般也用來尊稱出家人去世。

翻譯，一併為各位介紹經文中的這個段落。

知足之人，雖臥地上，猶為安樂；不知足者，雖處天堂，亦不稱意。不知足者，雖富而貧；知足之人，雖貧而富。

覺得活著就是一件值得慶幸的事，並對現狀感到滿足的人，即使生活窮困，內心也會感到富足。相反地，對於現狀永不滿足的人，無論過得多麼奢靡，內心也依然貧瘠。他們會被想要更多的渴望擾亂內心，永不滿足，因而無法感受到幸福——

換言之，如果想要心平氣和且心靈富足地活著，重點在於要了解到，「其實當下一切便已足夠」。

充滿欲望的人，物質生活再豐富，內心也會一片貧瘠。反之欲望不多，平常生活也只要有基本用品就足夠的人，內心卻是豐富多彩。你想要哪一種富足呢？

○過多的欲望可能讓人行「惡事」

如果平常很少打理環境，任由灰塵和垃圾累積，這也會損害身心健康。因為室內的灰塵與黴菌可能引發過敏，垃圾絆腳可能導致跌倒，吃到腐壞的食物則會拉肚子。**不衛生的環境，是「疾病的溫床」**。

常言道「房子會變成垃圾屋，是因為內心生病了」。但也可以反過來說：**就是因為不打掃、不整理，內心才會生病**。

同樣地，內心一旦充滿欲望，也會對自身言行帶來負面影響。當內心的欲望不斷膨脹，意圖去填滿時，就有可能行差踏錯。

譬如每個東西都想要，卻沒有足夠的經濟能力，最終左支右絀，欠下了無力償還的鉅債。

不只物欲，如果「想要出人頭地的渴望」太過強烈，也可能為了踢掉別人而行事走偏，或是捏造成績，甚至不擇手段也要脫穎而出。

○別做金玉其外，敗絮其中的人

這樣的不當行為也存在於組織當中。無數企業為了拿出亮眼的財務報表，不惜以財報美化、產地造假、隱瞞召回、數據造假等方式來粉飾業績。

一言以蔽之，這些行為都反向證明了內心有「想掩蓋自身或公司缺點」的念頭。因為擔心被人發現自己金玉其外、敗絮其中，才想極力隱瞞對自己不利的事情。

比如把灰塵掃到角落、把東西都塞到櫃子裡眼不見為淨，也有異曲同工之妙。

掃除能夠打磨「本來的自己」，所以若把灰塵和垃圾都堆到看不見的地方去，這種打掃方式實在不可取。

這麼做只會更加助長「行惡」與「掩蓋」的特質，並離「本來的自己」越來越遠。

請記住，**毫無節制什麼都想要的「欲望」，不過是「內心的污垢」而已。**

「滯銷庫存」會讓運氣變不好

捨不得丟掉東西的原因之一，就是覺得「總有一天會用到」。然而，最常見的情況是幾年、甚至幾十年都過去了，那個「總有一天」也不曾到來，那麼多東西就一直堆在櫃子或儲藏室裡。

整理物品時，請一定要有一項認知，那就是「總有一天會用到的『那一天』絕對不會到來」。

○ 最容易累積的就是「不會用到的東西」

我曾經聽人這麼說過：

「這幾（十）年來我搬了好幾次家，但每次一定會有行李就只是從舊家搬到新家，甚至沒有拆封過的情況。因為總覺得有一天會用到，所以捨不得丟。」

其實搬家，正是處理掉長久以來閒置物品的絕佳機會。既然搬家後，直到下次搬家之前都不曾拿出來使用過，那就不應該無法下定決心丟掉。

我想這恐怕是每次在打包的時候，因為看到箱子上的標籤，才想起家裡還有這樣東西，然後覺得以後也許用得到，說不定還會有種挖到寶的感覺。

也有可能是單純懶得拆封整理，所以決定先搬到新家，再考慮要不要丟掉。

但其實多數的結果是，搬到新家以後，依然懶得拆封整理。

無論如何，平常不用的東西一旦收起來，就很容易遺忘它的存在。因為經常使用的物品，必然會放在生活中看得見的地方。

請各位要建立這樣的認知：東西之所以被收起來，就是因為它「用不到」，而不是「總有一天會用到」。

○無用之物會讓「氣運的流動」變差

站在企業的角度，收起來不用的物品就相當於「滯銷庫存」。

滯銷庫存指的是未能售出，或是有瑕疵而無法販售的商品。一旦成了「不被需要的庫存」，就只能想盡辦法處理掉，不是以破盤價販售，就是故障後拆解出可回收的部分賣給業者。

因為一直放著，不僅無法獲利，還得支付倉儲費用，使得虧損不斷擴大。

對企業來說，公司住宅和休閒度假中心若沒有員工去使用，也與滯銷庫存無異。

要是優柔寡斷，覺得收掉可惜，想在未來以高價售出，或是更有效地加以活用，只會讓經營和維護成本越來越高，最終面臨越來越大的虧損。

換言之，一旦有了滯銷庫存，企業就有可能面臨巨大的損失。

滯銷庫存會讓企業的氣運變差。

請抱持這個觀點，再看看家裡的無用之物吧。假如用不到的東西占了住家面積的三成左右，等於房租和地租有三成是為了這些無用之物而支付。

聽起來很浪費吧。而且**用不到的東西越多，自己居住的空間也會越狹小，連帶心胸也變得狹隘**。那麼高額的房租和地租，究竟是為何而支付的呢？無用之物不僅會壓縮到家計，還可能讓一家人的氣運變糟。

再者，持有太多的無用之物，也會在不知不覺間造成心理上的負擔。

最終，無用之物勢必會影響到工作上與各種場合上的表現。

不僅如此，當內心被無用之物占據時，不但接收不到好的氣運，壞的氣運還會潛藏在縫隙間，難以排出，導致氣運無法流通。

囤積過多的無用之物沒有任何好處，還是趕快動手整理吧。

○我反對極端的「極簡生活」

空間打理得簡樸而乾淨固然重要，但也不能過於極端。

佛教強調「中道精神」，崇尚「**凡事不走極端**」。

對待物品也一樣，並非空無一物的空間就是好。若真的空無一物，有時反而讓人無法靜下心來。

重點在於，**打理後的空間能否讓自己感到舒適愉快**。即便擺些東西，也不會讓自己緊張兮兮。

下個章節也會提到，近來以「斷捨離」為口號，能丟的東西就盡量丟，事後卻為此懊悔不已的人變多了。其實，整理過多的無用之物本該是件好事。

那為什麼還會發生這種情形？這是因為**「丟棄」這項行為，就和瘋狂購物一樣會給人帶來快感**。

當你這個也丟、那個也丟，沉浸於其中時，心情會逐漸亢奮，最終演變成「以丟棄為目的」。

但做事的時候，理應不被亢奮的情緒影響。

在此提醒大家，別盲目追求極端的「極簡生活」。因為一時衝動下所作的決定，往往事後會懊悔不已。

整理東西時定好「丟棄的標準」

平常不用的東西就應該丟掉。

這雖然是原則之一，但也不是要求人們所有東西都該丟掉。有特殊意義的物品另當別論。例如**有些東西光是偶爾拿出來看一看，內心就會充滿幸福感，那麼這種東西就不應該丟，而是要好好珍藏。**

動手整理房間時，有兩件事需要特別留意。

首先，**不能一心想著我要丟掉所有東西，便僅憑「平常沒有在用」這個標準，就拿到什麼丟什麼。**

畢竟整理時，說不定會翻出重要之人的遺物或禮物，還有充滿回憶的物品等。一旦不小心丟了，就再也找不回來，內心難免留下缺憾。

而這種缺憾，和內心感到舒適滿足的區塊是不一樣的，所以會生出無法填補的失落。

其次，**不要每樣東西都考慮得太久。**

例如翻閱從前的信、日記和相簿，感性地端詳用過的物品，一一確認留下的東西是否還能使用，或是拿出收藏品把玩。這樣一來，時間再多都不夠用。

○衣服的「丟棄標準」

其實不管是什麼物品，只要定好「**丟棄的標準**」，大多都能迅速處理完畢。

在這裡用衣服來舉例吧。我經常建議大家：

「三年沒穿的衣服就丟掉吧。」

或許買的當下很喜歡，但要是這三年來一次都不曾穿過，那麼以後也不可能再穿了吧。「總有一天會穿」的「那一天」並不會到來。

如果是發福後穿不下了，更是不可能。雖然心裡會覺得「哪天瘦下來就穿得下了」，但這種事情最好還是別抱太大的期望。請把心一橫，乾脆地處理掉吧。

但如果是**多年未穿，卻對自己意義重大的衣服，我建議存放在專用的保管箱裡。**

比如重要的人送給自己的衣服、曾在某個紀念日或重要場合穿過的衣服等，比起衣服本身，更珍惜的其實是與衣服有關的回憶。那麼可以貼上「回憶」之類的標籤，慎重地保管起來。搭配適時取出晾曬，相信這些衣物散發的光彩，會比穿在身上時更迷人。

至於還在穿的衣服，無論新舊，請先仔細檢查有無髒污、污漬和脫線，然後收納在容易拿取的地方，以便今後繼續使用。

像這樣定下標準後，就可以機械式地進行分類，不用再思考自己會不會穿、以後有沒有可能穿，從而大幅縮短整理的時間。

除了衣服，這套標準也能運用在其他物品上。**請依自己的感覺，訂定屬於自己的丟棄標準吧。**

○收到的東西以「意義深淺」為標準

比如生日時收到的禮物，歲暮、中元和朋友結婚時拿到的禮品，以及他人送的伴手禮、活動的紀念品等等……別人送的東西，通常總是不好意思丟掉。

因為感覺就像糟蹋了對方的心意，內心會有罪惡感。

但如果「不合自己的喜好」、「找不到機會使用」，所以一次也沒有使用過，那麼就算收藏起來也沒有意義。

東西就是要用，才能綻放光彩。始終束之高閣，我想物品也不會開心。

這類物品是否要丟棄，可以用**「意義深淺」作為標準。**

比方說，某人為自己辛辛苦苦找來或者用心為自己製作的東西、學生時期和朋友一起購買的同款紀念品、出社會後用第一份薪水買的東西——這類物品肯定讓人難以割捨。像這種充滿回憶，又或是蘊含了自己與他人心意的物品，請一定要保留下來，連同物品上的心意好好珍藏。

就算平常都收在櫃子或者儲藏室裡的深處，甚至遺忘了它的存在，但如果一看到它就讓你感到懷念，這樣的物品便不用捨棄。

反而要趁著整理的時候，把這些東西都拿到太陽底下曬一曬。先為一直以來都冷落它們道歉，再保證以後會好好珍惜。

整理東西時，不需要只以「丟棄」為目的，也可以藉此機會，讓那些在時光洪流中被遺忘的珍貴物品重新甦醒過來。

「轉化」的極致
──讓物品的生命盡可能延續

物品具有生命，應該盡可能延長它的壽命，這也是使用之人的使命。

例如稍加改造，變成全新的另一樣東西。如果自己不需要的東西有人能加以活用，那麼就應該轉送給對方。略施巧手使物品重獲新生，也是方法之一。

丟掉是最後的手段。

在當作垃圾丟掉前，請務必先從「**轉化**」的角度，去思考物品是否還有其他可能。

所謂「轉化」，意思是「**不看物品本來的形態，而是將其視作另一樣物品**」，源自茶道的精神。

在此列舉一個「轉化」的象徵作品：京都禪寺大德寺的塔頭[11]「孤篷庵」庭園裡的石燈籠。

孤篷庵由大名茶人小堀遠州[12]所建，他同時也是極富盛名的庭園建造家。他親手設計的這處庭園不僅被列為國家指定名勝，茶室「忘筌席」、書院「直入軒」和方丈室也被指定為重要文化財。

庭園中的石燈籠被稱作「寄燈籠」（重組式燈籠），是以五輪塔等石造物件轉化為支柱、基座與幢頂，重組而成，別具韻味。

11 塔頭是指禪宗寺院中，祖師或高僧仙逝後，弟子為表紀念所建立的塔和庵院等建築物。後來寺院境內，附屬於該寺院的小寺也稱作塔頭。

12 一五七九～一六四七，本名小堀政一，日本安土桃山至江戶時代前期的大名、茶人、建築師。

另外，京都仁和寺的庭園裡，相傳為尾形光琳[13]遺物的茶室茶庭裡的燈籠也是。燈籠以水盤的碎片為支柱，再疊上春日型燈籠中台（燈室基座）以上的部位。

在茶道的世界裡，桃山時代似乎特別鍾情於轉化佛教遺物，以創造嶄新的美。透過巧妙地融合現有材料，重組燈籠，呈現出「侘寂[14]」的美學。

○ 珍惜身邊事物的「轉化術」

「轉化」當然不只是茶道世界裡的一門工夫。

好比缺了一角的茶杯和飯碗，因為擔心割傷嘴唇，就不能再當作餐具使用，卻可以用來插花和擺放小物件。這樣的缺角反而別具風情，讓器物得以繼續使用。

自古以來，日本便有長久珍惜使用物品的文化，陶器尤為典型。即使器物破損，也不會立即銷毀，反而會以金繼或銀繼[15]之類的技術進行修復，「以修補的方式創造另一種美」，進而品鑑欣賞。

遺憾的是，隨著近代化發展，社會已被大量生產、大量消費的浪潮吞沒。但是與此同時，以聯合國永續發展目標（SDGs）為代表的「珍惜現有資源」的價值觀，也正慢慢滲透到日常生活當中。

其他比較貼近生活的例子，比如**將不穿的衣物裁剪拼貼，做成掛毯或手提袋，或是把二手衣修改成富有個人特色的洋裝**。這些物品經過「轉化」，便能重獲新生。

13 一六五八～一七一六，日本江戶時代的畫家。

14 日本文化中的美學概念，包含不對稱性、粗糙或不規則、素樸、親密和展現自然的完整性等，普遍存在於日本藝術各種表現形式中。

15 將漆與金粉、銀粉或白金粉混合，用以修補破損陶器的日本技藝。

覺得自己不具有「轉化」品味的人，也可以試著在社群媒體上，**向大家徵求物品可以如何「轉化」的建議**。

相信大家會踴躍地分享自己的做法和加工方式，然後從中挑出覺得可行的建議，以自己的方式去挑戰「轉化」，想必會很有意思吧。

我很期待今後整個社會都能活用「轉化」的精神。

○ 別忘了也能轉讓與販售

自己不需要的東西，也許有其他人需要。**若想延長「物品的壽命」，為它找到新的主人也是方法之一**。

這種時候有兩個選擇，分別是「轉讓」和「販售」。

「轉讓」的話，可以先在和友人聊天時順便問起：「我前陣子整理時發現了這樣東西，有沒有人想要？」說不定會有人舉手認領。

至於「販售」，近年來已經越來越方便了。不僅可以到跳蚤市場上販售，也可以利用網路上的二手市集，方法多不勝數。

據我所知，就連糖果盒和名牌的包裝紙都有人在販售。千萬別擅自認定「這種東西不會有人買」，抱著好玩的心態試試看吧。

俗話說「此處不留人，自有留人處」，套用在物品上也是一樣的。若能落到需要它的人手中，物品一定也很開心。

丟掉之前，不妨再想一想。

○丟掉前對物品說聲「謝謝」

如果最終想不到任何用途，也找不到去處，還是只能丟棄吧。

但是，**東西能留在手邊使用這麼久都是因為有緣，不應該隨便又草率地丟進垃圾桶裡。**

丟掉前，有髒污的話請先清理乾淨，然後用紙包起來。如果直接和廚餘一起丟進垃圾袋，實在缺乏對物品的禮儀。

真要丟棄時，請懷著感謝的心，對物品說聲「謝謝」，也可以撒一把鹽。鹽巴有淨化的作用，丟棄前先淨化，據說也有助於招來新的氣運。

另外，我也常聽人說捨不得丟掉娃娃和布偶。或許是因為玩偶有著人類和動物的外形，容易產生感情，覺得玩偶也有靈性，於是不忍心丟棄。**這種時候，可以向有人形供養服務的寺院和神社尋求協助。**請寺方在確實地供養祭祀後，代為處理。

做到了這一步，當人在收納整潔的空間裡生活時，就可以百分之百地感受到潔淨所帶來的好處。

但是，物品絕非盡量丟棄即可。

「囤貨購買」的弊大於利

許多人都會趁著特價的時候，「囤貨購買」食品和日用品吧。但如果因為便宜而這也買、那也買，會一不小心就購買過多不必要的東西。通常到頭來，也會因用不到而浪費。

購物時，請盡可能「只購買當下需要的量」。食品和日用品若需要補充，再去超市或超商購買即可。

在我看來需要「囤貨購買」的，只有防災避難用的物資而已。

為了在災難來臨時作好準備，比如食物、飲用水和每日的消耗品等，必須先儲備好能度過幾週的量。

但除此之外的用品，真的有必要「囤貨購買」嗎？

○「囤貨購買」食品的三個壞處

尤其食品。我常在超市裡看到有人推著推車去結帳時，上下兩層的購物籃裡都堆滿食物，為此總忍不住納悶：「有必要買這麼多嗎？」

當然，可能是因為家庭成員眾多，或者因為平常忙碌，必須趁著假日「大量採買」，又或者想趁著特價時多買一些，理由各不相同吧。

但是，真有必要如此「囤貨購買」嗎？我認為可以再好好想一想。因為，**「囤貨購貨」的弊遠大於利**。下面以食品為例說明。

第一個壞處，是**「囤貨購買」容易導致「吃太多」**。

人很容易因為「反正還有很多」而鬆懈下來，心想「管他的，就吃吧」，結果吃得比平常還要多，更何況是自己愛吃的食物。

這樣有可能導致代謝症候群、腸胃不適，無益於身體健康。如果想要控制食欲，可以定好每次食用的量，只買「這次要吃的份」。

第二個壞處，是**「囤貨購買」容易導致「吃不完」**。

人類能夠吃下肚的食物量是有限的，因此食物買得太多，就有可能會吃不完。還會因為囤積食物而感到安心，結果卻忘了吃，放到過期。食物不殘留——這才是對食品應有的尊重。

第三個壞處，是**「囤貨購買」容易造成「食物浪費」**。

通常大量購買的時候，也會盡量挑選保存期限較長的商品。但是這種行為，只會助長快要到期的商品更是賣不完。

一旦覺得保存期限還很長，可以再放一段時間，很可能不知不覺間就放過期了吧。無論何種情況都會導致「食物浪費」，還會導致「購物的成本變高」。

○盡可能「需要時再買」

「囤貨購買」後，冰箱和儲藏櫃裡往往會塞滿食物，變得亂七八糟；日常用品也是，會占掉家中每個櫃子的收納空間。就像凌亂的房間會帶來負面影響，雜亂的物品同樣會影響大腦和身心，包括上述說的這些，都是希望大家能重新意識到「囤貨購買」是一種多麼不好的習慣。

那究竟該怎麼做才能改善？答案只有一個。

就是「**需要的時候，只買需要的量**」，亦即「**需要時再買**」。

例如出門購物前，先想好當日菜單，寫下需要採買的品項與份量；順便看看超市之類的傳單上有哪些特價品，寫下近期需要補充的調味料和日常用品。只要完成這些小小動作，就能夠有效率地「理性消費」。既不會僅因便宜就買下根本用不到的東西，也能避免明明家裡還有，卻不小心重複購買的情況。

如果能做到「需要時再買」，比如食品就可以在購買的當天或兩、三天內吃完，無須在意保存期限。有時甚至能以更優惠的價格買到即期品，有效減少支出。

通常「需要時再買」的量不會太多，所以真的不夠用時，再去超商添購即可，**不妨就把超商當成自家的「緊急食品補充庫」**。

採用「需要時再買」的做法，不僅能讓廚房保持清爽，也能讓內心更澄澈清明。

關鍵是長久使用喜愛之物

再比如家具和設備，如果生活時能被自己喜愛的事物包圍，沒有比這更快樂滿足的事情了。

購物時別再以功能和價格為導向，不妨**把重點放在自己的興趣愛好上，挑選會讓你不由自主心生歡喜的物品**吧。

然後長久地珍惜使用這樣物品，內心也會因此變得富足。

近年通稱「百圓商店」的商家大為流行，幾乎所有商品用一枚百圓硬幣就買得到。如今商品的功能和設計也日益精進，所以已經不能斷然地說「便宜沒好貨」。因此，我也不會說「百圓商店就是不好」。

但我無法苟同的是，不光「百圓商品」，也包括其他「便宜的商品」，很容易就不被珍惜，使用上非常隨便。

因為便宜什麼都買，結果還是花了不少錢。

買了用不到的東西，多數卻還是收起來用不到。

覺得用便宜的東西將就一下即可，欲望卻無法得到滿足。

不過稍微弄髒，卻因為「反正這很便宜」的心態，用完即丟。

內心變得卑微，覺得自己只買得起便宜的東西。

俗話說「貪小便宜吃大虧」，背後的道理大抵就是如此吧。

○「買貴一點的好東西」的效果

買東西時，該看重的不是價格。無論價格高低，對物品的喜愛與否才是區分購物行為好壞的關鍵。因為如果你喜愛一樣東西，自然會好好珍惜。

但想精打細算的話，買「貴一點的好東西」也是一個方法。因為使用時，自然而然會覺得「要好好珍惜、長久使用」。

比如購買西裝，一種情況是買了三套，但其中有些是特價品的西裝；另一種情況是只買一套，但整體價格就比上面三套加起來還要貴。

一般都會覺得購買三套才能享受不同的搭配，還可以輪流穿，延長西裝的壽命。

實則不然。如同前面提到的例子，人很容易覺得「反正這很便宜，沒關係」，於是不懂得愛惜。就算沾到食物污漬或者濺到污泥，甚至起了縐摺，也不會太在意。

那麼最終會是怎樣的結果？布料必然容易受損，「西裝的壽命」也會急遽縮短。

而且三套西裝中，只要有幾件「自己不太喜歡」，就會根本不穿，任其磨損褪色。更遑論喜愛度不高，反而更容易穿膩。

○一石三鳥的「購物原則」

相比之下，如果花了一大筆錢買下一套喜歡的西裝，絕不可能這樣隨意對待。就算再喜歡也不會天天穿，而是視天氣和場合搭配。用現代人的說法，就像是「戰鬥服」吧。

一旦不小心弄髒，會急著馬上洗去污漬，或者拿去送洗。平常也會細心保養，不讓西裝變形。

最終，便能不感到厭倦地長久使用。

所以不妨利用這樣的心理，在購買家具、設備、美術品或者餐具的時候，**在自己的能力範圍內，購買「貴一點的好東西」**。

這樣一來絕不可能浪費，還能「降低購物的成本」，並且在喜愛的事物包圍下，萌生幸福的感受。除此之外，更能有效減少家中垃圾，可謂「一石三鳥」。

「有的話很方便」的東西，其實大多「沒有也無妨」

「這東西看來不錯」、「有的話好像很方便」——人們經常在這樣的念頭驅使下，買下一樣東西。

我接下來說的話或許有些掃興，但其實這類東西對大多數人而言並非真正需要，沒有也沒關係。

所以，請一定要養成「**購買前先冷靜思考**」的習慣。

相信大家都有過這樣的經驗：在漫無目的地四處閒逛時，忽然對某樣東西產生「啊，我想要這個！」的衝動。

會「衝動購物」的人似乎都認為，這場相遇是命中注定。

然後，在衝動的驅使下當場買下。

今時不同往日，現代人已經不太需要在意「手頭寬裕與否」。就算身上現金不夠，也能夠用信用卡支付；如果價格過高，還能分期付款。

如今的環境已經完善到了「讓人容易衝動購物」，所以衝動購物的次數才會只增不減吧。

○養成「結帳前先冷靜一下」的習慣

衝動購物之後，若心裡覺得「幸好當初有買」，那自然再好不過。甚至還可能心滿意足，覺得自己「買得好」。

然而，更多的情況卻是截然相反，許多人都在買完後感到後悔，覺得「早知道就不買了」。

因為「衝動購物」就像是一時間被欲望沖昏了頭，會失去冷靜的判斷能力。

想要防止這種情況發生，唯一的方法就是「結帳前，給自己一點時間冷靜下來」。

比方說在店裡多逛一圈，看看有沒有其他好東西。

先離開店家，處理其他事情。

找間咖啡廳坐下來，先休息一下。

就像這樣，給自己一點時間讓「購物的渴望」冷卻下來。

通常等衝動平息後，就連自己也會納悶：我剛才那麼激動做什麼？

只要養成「結帳前先冷靜一段時間」的習慣，不僅能減少浪費，也能避免家中堆滿用不到的物品。

○「夜間網上購物」的危險性

助長「衝動購物」的，還有夜間的網路購物。

如今網路購物可以說是百花齊放。用不著出門，在家就能瀏覽一個個琳瑯滿目的網路商城。

這樣子根本不可能好好品鑑商品，但只要放進「購物車」裡，再點按幾下，就可以輕鬆下單。

萬一喝了酒，精神會更加渙散，越發難以控制「衝動購物的渴望」。

結果在不知不覺間大量購物，等到商品送達後，才驚覺自己買了這麼多東西。

而且在網上購物，並無法在購買前實際看到商品，也無法試穿和試用。常常收到商品以後才發現，「顏色、尺寸、款式或材料的質感，和自己預想的不一樣」。

雖然商品可以退貨和更換，但這也意味著消費者抱持「不喜歡就退」的隨便心態，因而購買過多。

退換貨次數一多，運費負擔也會增加。肯定也有人覺得退換貨「很麻煩」，懶得多花工夫，乾脆把用不到的商品留在手邊。如此一來，無用之物只會越堆越多。

因此，**我認為夜間最好別上網購物。如果真的想買，也別急著下單，先睡一覺，隔天再好好考慮，以此作為網購的原則。**

「半睜半閉」面對氾濫的資訊

近二十年來，這個世界急速受到「資訊洪流」的侵襲。人們為了跟上時代的腳步，不得不蒐集從四面八方湧來的情報，卻也可能因此被龐大的無用資訊吞沒。

物品越來越多的原因之一就是資訊爆炸，讓人一不小心就買了不需要的東西。若想避免這種情況，與資訊保持距離至關重要。

包含社群平台在內的各種媒體，總是不斷地向使用者推薦最新流行。

例如在時尚的世界裡，每一季都在大力提倡「必須趕上流行趨勢才時髦」，並且推出令人眼花撩亂的資訊。

關於個人生活風格，也會推送各種資訊，比如「進階的生活方式」；或在蒐集分析數據之後，把「接下來是投資的時代」等資訊送到你面前。

所有廣告標語都能精準抓住人心，讀者和觀眾在接收到了大量的資訊以後，便會產生購物的欲望。

○ 資訊的操弄會讓人迷失「自己」

若對種種「流行資訊」太過敏感，很容易在不知不覺間受到操控。**「追求流行」勉強帶有自主性，但若任人擺布，終將失去「自己本來的個性」**。

一不留神便被大量的資訊吞沒。如果意志不堅，就會被困在與自己毫無關係、等同破銅爛鐵的無用資訊堆裡。

對自己來說沒有價值的資訊，等同垃圾和廢物，不應該任其累積。

大腦若被「無用的資訊」占據，只會壓縮到自主思考的空間。

那麼，該怎麼做才能排除無用的資訊呢？

○利用「半睜半閉」，減少75%的資訊量

據說生活中的資訊有八至九成來自「視覺」，而透過嗅覺、聽覺、觸覺和味覺所獲得的資訊，則連一成也不到。

因此，排除無用資訊的重要關鍵，便在於**「如何控制視覺所獲取的資訊量」**。

在此提供給各位的方法，就是坐禪時的**「半睜半閉」**。

坐禪時眼睛會「半睜半閉」，目光朝下四十五度。

因為直視時，眼睛會朝著前方自然張開，再加上眼球能上下左右轉動，幾乎所有視覺捕捉到的資訊都會映入眼中。

但若向下四十五度，讓眼睛「半睜半閉」，就能擋住視野裡將近75%的畫面，進而阻絕獲取到的資訊。

仔細想想，**自己需要的資訊量即使減少到目前的25%，好像也不會帶來多大的困擾。**

不對，減少到25%後，反而「有用且能用的資訊」還變多了，無用的資訊則變少。

未來可以想見資訊只會越來越多，所以蒐集資訊時，請試著採用眼睛「半睜半閉」的方式吧。

○除了打掃，再搭配坐禪

坐禪是非常有益於調整身心的「修行」。

當內心搖擺不定、充滿雜念時，無論做什麼都不順利。所以除了打掃，請把坐禪也養成習慣吧。

禪所謂的「**調身、調息、調心**」，非常強調透過坐禪，來調整姿勢、呼吸和心。

「調身」是調整姿勢。從側面看去背部要呈S形，尾骨至頭頂則呈一直線，這樣才是正確的姿勢。

「調息」是調整呼吸。尤其著重在「綿長且徐緩地吐氣」上，維持每分鐘呼吸三至四次的緩慢頻率。

「調身」與「調息」都順利了，心自然會靜下來，進入「調心」的狀態。

坐禪時，要**盡可能排除周遭帶給五感的刺激，往自己的內心深處不斷沉潛**，那麼內心的迷惘與苦惱也會慢慢消失。

不過，坐禪給人的感覺並不容易執行吧？確實如果自行摸索，光是一個動作都很難正確完成。我建議至少參加一次寺院的坐禪會等活動，學習基本坐姿。

學會基本動作，身體也記住以後，**坐禪定能成為提升你掃除力的得力助手。**

水乃富足之源，一滴也不能浪費

有句禪語叫「**滴水成凍**」。

寒冷冬天的早晨，從冰柱淌下的水滴馬上就結凍成冰。這句話意味著連一滴水也不能浪費，指出身而為人應該保有的心態。

做好日常生活的每一件事，謹言慎行，這就是禪的真諦。

「**杓底一殘水，汲流千億人。**」

這句話來自曹洞宗奉為圭臬的道元禪師[16]的教誨。

其實對聯本身是熊澤泰禪[17]禪師所寫的詩句，在曹洞宗大本山永平寺[18]的正門石柱上，刻有禪師揮毫寫下的這兩句話。

而且背後還有這樣的故事。

相傳道元禪師每次在佛前供水，都會到門前的河川舀一杓水，用完所需的水量後，必定會把剩下的水倒回河裡。明明河水豐沛，取之不竭，禪師卻還是一滴水也不願輕易浪費。因為道元禪師認為：「這一滴水倒回河裡，可供在下游生活的人們使用，更可留給後世的子孫使用。」

此後，「一滴水也不浪費」的精神便在曹洞宗傳承下來。

請再回頭看看自己。想必不少人會發現，相比之下自己平常刷牙洗臉時，卻總是開著水龍頭，就連洗東西和淋浴時也是。包括上廁所、洗衣、煮飯等需要用水的時候，每次也都浪費了不少水資源吧。

16 一二〇〇～一二五三，鎌倉時代初期的禪師，也是日本曹洞宗的開山祖師。

17 一八七三～一九六八，日本佛教學者、僧侶，曾為曹洞宗永平寺第七十三世貫首。

18 位在日本福井縣吉田郡永平寺町，於一二四四年由道元禪師創立。

○ 養成珍惜有限資源的心態

不單是水，現代人用電和紙也是揮霍無度，明知地球資源有限，卻還是揮金如土般地恣意浪費。

目前全球正積極推動「永續發展目標」，備受矚目。世人開始意識到，我們的日常生活與企業活動對環境造成的影響有多大，情況因此稍有改善。但不可否認的是，這樣的努力恐怕仍遠遠不夠。

為了子子孫孫的未來，請珍惜地球有限的資源，**如果大肆揮霍水等各種資源，不僅違背「掃除道」的理念，**也會讓生活與心靈越來越貧乏。唯有秉持「一滴水也不浪費」的精神，才能讓生活與心靈變得富足。

○「人在做，天在看」，也通往「掃除道」

透過道元禪師的教誨，我們還可以學習到一件事。

那就是**「在他人看不見的地方，仍要設身處地為人著想」**。道元禪師連一滴水也不願浪費，是因為他想到了住在下游的人們。

其實下游的居民，根本看不到上游的人如何用水，也不會為此心存感激。但是，道元禪師認為「這樣也無妨」。

就算沒人看得到，得不到他人的表揚也無妨。反而「不為人知」地做些對人有益的事，這樣才更有意義。

禪宗將這樣的行為稱作**「積陰德」**，做了好事之後不向他人宣揚，是值得稱許的美德。

舉例來說，**「整理公共空間」也是一種積陰德的行為。比如在車站、百貨公司或各種設施的廁所，儘管髒亂不是自己造成的，但若看**

到洗手台濕漉漉的或有掉落的頭髮，可以順手清理一下。

又比如在垃圾回收場，看到垃圾被烏鴉或貓咪啄咬後散落一地時，可以稍微幫忙打掃。

清理後不僅自己覺得神清氣爽，也能順便積點陰德。有人指使的情況當然不算，但如果是出於自發的善意，無論是他人還是自己，都會為此感到愉快。

俗話說「人在做，天在看」。這句話在警惕世人「別做壞事」，同時也勸導世人「只要努力行善，老天爺都看在眼裡，並指引你走向更好的人生」。

「天」即是「佛」，也就是「本來的自己」，更能替換成心中的另一個自己。所以無論有沒有人在看，一言一行都必須無愧於天。

這樣的精神正好與「掃除道」不謀而合。

打掃是為了讓生活空間裡的每個人，包含自己都能過得舒適愉快。

正因如此，打掃也是一種「修行」。

CHAPTER

3

每天都閃閃發亮的禪式簡單掃除術

無論有無髒污，禪僧都會打掃

如第一章所言，**掃除是非常重要的「作務」**。

雲水（修行僧）時期自是不用說，即便成為僧侶，仍要每天勤奮不懈地打掃。

由此來看，禪僧可以說個個都是「打掃專家」。

接著來說明我們平常都是如何打掃的吧。

○雲水僧一天至少打掃三次

雲水僧在修行的寺院（修行僧堂）裡，通常是在凌晨四點開啟新的一天。

起床後洗漱整裝，接著開始坐禪。做完早晨的工作後，所有人再一起打掃。

掃完後吃早飯，接著繼續打掃。由於午飯過後，下午也要打掃，所以一天至少打掃三次。

之所以說「至少」，是因為好比風沙大的日子，會再多掃一兩遍，所以一天最多有可能掃到五次。

而且是幾十個人總動員，所以地板會像打了蠟一般光可鑑人，幾乎能當鏡子使用，一點也看不出只以清水擦拭。

例如走廊，首先會讓雲水僧們依照走廊寬度排成一列，拿著抹布趴在地上，隨著前輩一聲令下同時起跑。然後以極快的速度，一鼓作氣擦完約三十公尺的長廊。

到了盡頭後回轉，朝著起點再擦一次；回到起點後，又往終點再擦一次。走廊擦完便前往下一個區域，而剛剛擦過的地方，之後會由下一組雲水僧接續打掃。

雖然不曾計算過，但三十名雲水僧若以五人為一組擦拭走廊，代表同一時間同一區域，「一人三次×五人」共擦了十五次。若一天重複三輪打掃，總計便高達四十五次。

儘管一般人不可能仿效這種打掃方式，但我希望，所有人都能抱持著**「無論有無髒污都要打掃」**的心態。

掃過的地方再掃一遍，是為了「徹底擦亮潔淨的場所，使其更加一塵不染，散發美麗光輝」。

只要親身體會過就知道，看著擦得光可鑑人的走廊，那種暢快的感覺實非筆墨足以形容。當下更能確切地感受到，自己的心也被打磨得光亮澄淨。

○建功寺的「掃除修行」

我所在的建功寺屬於一般寺院，與有大量雲水僧前往修行的寺院不同，因此「所有人每天一起打掃」是很難辦到的事情。

但打掃仍然是「最重要的作務」，被視為「修行」之一。

平常做完早晨的坐禪與作業後，僧侶們會到各自的工作崗位上。得空時，再去幫忙負責打掃的職員。

本寺有兩個維護團隊，一個負責境內整體，一個負責庭園。決定好每天的打掃範圍，以及當天的負責人和區域後，再動手一起打掃。

但到了星期六這天，一定會一大早全寺所有僧侶一起掃除。從疊蓆的清潔開始，到地板的擦拭、漆器的清潔，再到窗戶擦拭，仔仔細細清掃一遍。

鋪了疊蓆的房間會以掃把和吸塵器進行清理，再以抹布乾擦。只有在更換疊蓆表面的時候，才需要以擰乾的濕布擦拭。因為編織蓆面所用的燈心草為了長保鮮綠，經過泥染加工，所以蓆面在替換過後，疊蓆的紋路間仍會殘留些許粉末，需要以擰乾的濕布持續擦拭一個月。

至於走廊，由於我現在也不年輕了，無法再敏捷地從這一頭擦到另一頭。只能跪在地板上，盡可能伸長手，橫向地擦拭地板。

星期天的早晨，大家還會在坐禪前一起用抹布擦拭濱緣（參拜處階梯底下的木板地）的木板部分。

有些作業雖然辛苦，但結束後也會格外的舒爽暢快。

○必須專心的「擦拭作務」

除此之外，**還有一項名為「擦拭作務」的工作必須兩、三個月進**行一次。先將抹布浸在熱水中，擰乾後用來擦拭漆器和貼了金箔的器物，全神貫注擦到光可鑑人為止。

另外**盂蘭盆節**[19]**前的七月第一週，以及正月前的十二月第一週，會進行一年兩次的大掃除。**

大掃除可是浩大的工程，首先得爬上高達三點六公尺的梯子，撣下天花板與欄間[20]上的灰塵。如果因為高度而一味畏縮不前，只會讓恐懼加深，所以要保持平常心，盡量別往下看，習慣以後，就不會害怕了。等到撣落所有灰塵，再清潔疊蓆、擦拭地板。

另一項比較艱鉅的作業，就是屋頂落葉的清疏。凹陷的溝槽裡若淤積太多落葉，降雨時積水便無法排出。因此在進入梅雨季前，我們會趁著樹上的葉子掉得差不多了，先清理屋頂上的落葉。

禪寺的「修行」固然較為特殊，但相信許多訣竅都能運用在家庭的打掃上。請務必作為參考，並訂定每日或者每一季的打掃計畫吧。

19 日本傳統節日之一，類似台灣的中元節，通常在每年的八月十三至十六日間舉行。

20 天花板與紙拉門間的隔窗，具有通風與採光的作用，常以鏤空雕刻等具裝飾性的手法呈現。

打掃也能為大腦清出「空間」

坐禪若是「**靜態修行**」，那麼打掃就是「**動態修行**」。

打掃時，必須專注於眼前的作業，並且活動身體，只要稍有鬆懈或與人交談，馬上會引來前輩的喝斥。

因此打掃時，我們的腦筋會一片空白，什麼也不想。

反過來說，「**打掃也是讓大腦進入無的訓練**」。

你是否也曾覺得，每次一開始打掃，時間總是過得特別快？

越是集中精神在打掃上，紛亂的思緒與想法越會從大腦和心裡頭消失。

若你在打掃時仍會想東想西，代表還不夠專注。

○「無」是什麼？

其實不只打掃，包括走路、跑步、游泳等在活動身體的時候，大腦都會呈現一片空白。

反過來說，**不活動身體，大腦就會被無止無盡的思緒占據**。尤其現代人大多坐在辦公室裡工作，工作以外的時間，也常用電腦和智慧型手機玩遊戲、瀏覽社群網站，大腦可以說無時無刻不充滿雜念。

這也意味著，大腦從來沒有休息過。

因此帶來的壞處，就是大腦沒有空間可以恣意思考。因為**當大腦一片空白的時候，即便只是微小的刺激，五感也能敏銳捕捉，從而產生靈活的思維**。

打掃可以視作是讓大腦進入「無」的訓練。**想專心思考一件事時，非常建議將打掃當作是「暖身運動」**。

○ 與其上健身房，打掃是更方便又容易養成習慣的運動

我認識的一名七十幾歲女性，過去會上健身房運動，但大約從十年前起，她就表示自己不再運動了。

因為她找到了能夠取代健身房的「運動」，現在她每天早上的固定行程如下：

早上起床後，先到住家附近的墓地參拜。點燃線香，表達感謝：「今天我也平安地迎來了新的一天。」回程則是繞點遠路，散步回家。回到家後簡單做些體操，接著開始打掃。

聽起來平平無奇，但這一連串其實是非常好的運動。她還說「**比起去健身房，這更容易養成習慣**」。

更棒的一點是，由於一大早就完成打掃，下午她便多了許多時間

盡情做自己想做的事。

住在大阪的她經常利用閒暇時間，和丈夫一起去京都、奈良遊玩。她也常打電話給我，和我分享今天去了哪些地方、偶然找到什麼寶貝，或是今天在哪裡吃了美食，感覺比以往還要開朗，並且充滿活力。

如果是定期去健身房，確實有些事情會讓人難以養成習慣，我還聽說許多人到最後都成了「幽靈會員」。

好不容易加入會員卻不去使用，不僅沒運動到，還白白繳了一筆會員費。

那倒不如向這位女性看齊，**用比去健身房更簡便的打掃，當成自己的日常運動。規劃上最好再加上散步。**

活動身體會讓心情舒暢，呼吸新鮮空氣也有助於促進血液循環，請務必參考。

○「庭院打掃」能讓藥量也減半

我還有一個打掃有益身體健康的例子，就是我們寺院內負責維護境內的員工。

他在約莫三年前從任職的公司退休，因為「想做些能活動身體的工作」，便來到我們寺院。先前的工作雖是業務，但主要還是在辦公室內對著電腦工作，並非在外奔波。聽說身邊的人都勸他：「這工作太累了，你還是別做了吧。」

但他個人卻積極地想嘗試看看。工作內容包含清理青苔、打掃落葉丟到回收站，所以要在寺院內來來回回走動。據說一天下來，就算是沒走那麼多的日子，步數也不曾少於一萬步。

讓他高興的是，體重竟因此下降不少，連本來在吃的藥都減少了一半的量。他很高興地說：「我的身體狀況比以前好多了。」所以，現在也精神抖擻地在做著這份工作。

不過是稍微改變生活習慣，竟有助於控制血壓和血糖值，這點真教我吃驚。**年長者在考慮轉職時，或許可以將「內容包含打掃，會活動到身體的工作」納入考量。**

「一早掃除」，能開啟美好的一天

最理想的打掃時間是「一大清早」。

可能有人會想，「出門前就已經沒有時間了，再加上打掃只會更手忙腳亂」。

然而，實際情況卻是相反。**正因為沒有一早打掃，一整天才會手忙腳亂。**

打掃所需的時間不過十分鐘左右，人生卻會因此往更好的方向前進。

若想養成「一早掃除」的習慣，最重要的是第一個鬧鐘一響，就要「立刻起床」。

有不少人會先設一個時間較早的鬧鐘，然後利用貪睡功能，等鬧鐘響了就關、響了就關，拖到最後一刻才終於起床，但這種行為非常不好。應該鬧鐘一響就立刻起床，這是非遵守不可的鐵則。

○人生由「早晨」來決定

一開始或許痛苦，但其實用不了多久，沒有鬧鐘也能自行起床。事實上我已經幾十年來沒用過鬧鐘，自然地在四點半前後醒來。醒來後，先躺在床上大伸懶腰，然後激勵自己大喊：「好！」接著迅速起床。

我從來沒有「好想多睡一會」的想法，對床鋪也沒有任何迷戀，反而全身充滿幹勁，只想著：「好，今天一天也要加油！」

每天早上若能這樣醒來，就能以樂觀開朗的心情，順利為這一天揭開序幕。

一天能否順心如意，完全取決於早晨如何醒來。

說得再誇張一點，如果每天都能精神飽滿地醒來，這樣的日積月累才能形成美好的人生。

「**人生由早晨來決定**」，一點也不為過。

我們一天的活動時間最多也就十六、七小時，倘若一大早拖拖拉拉，窮盡一生也無法挽回浪費掉的時間。舉凡前天晚上有哪些作息可以調整，請試著努力看看，讓自己隔天早上能迅速起床吧。

○「通風」也是重要的掃除

第二重要的是，打開屋內所有窗戶，讓空氣流通，排出夜晚睡覺時悶在屋裡的「混濁空氣」。

通風也是一種掃除，而且是「空氣的掃除」。

我起床後，也會立刻打開寺院內大大小小的門窗和通風口。隨著早晨的新鮮空氣灌進寺院內，整個人也感到心曠神怡，睡意更在頃刻間消散，精神變得很好。

但對各位來說，打開所有房間的窗戶可能有些麻煩，所以請至少打開臥室和客廳的窗戶吧。

趁著出門前這幾十分鐘的時間讓空氣流通，也讓自己作好準備，迎接新的一天。

打開窗戶通風的同時，也可以讓自己曬曬太陽。然後對朝陽深深行禮，並做兩到三次的深呼吸，身體就會自然而然地切換到「活動模式」。

因為**日光浴能促進血清素的分泌，這是一種被稱作幸福荷爾蒙的腦內物質；而且，曬太陽也有助於生成增強免疫力的維生素D，**可謂好處多多。請務必納入「大腦的開機儀式」中。

那麼，陰天和雨天就能偷懶一下嗎？可千萬不能有這種想法。無論天氣如何，太陽始終在烏雲後方綻放光芒。請把天氣拋到腦後，養成每天的習慣吧。

或許還有人認為：「但夏天我想開冷氣，冬天想開暖氣，實在不想開窗戶。」

但是，只要短短五分鐘、十分鐘就好，些許的炎熱和寒冷就忍耐一下吧。因為讓新鮮的空氣進到屋內，更為重要。

○早上打掃以簡單為主

窗戶打開後，終於要開始一早的掃除了。

其實，每天早上的打掃不需要花上大把時間，將裡裡外外打掃乾淨。**只要整理散亂的物品、簡單用掃把打掃一下，或是用抹布大略擦**

拭髒了的地方、用一下吸塵器，又或是大概整理一下床單和被褥，能做到這些事情就非常足夠了。

儘管也視住家大小而定，但如果一家人分工合作，大概十分鐘左右就能搞定。而且每天打掃的話，灰塵與垃圾也不容易累積，所以花不了多少時間。

只要像這樣簡單清掃一遍，不僅累積至今的疲勞能一掃而空，也會讓人有種重新再出發的感受，愉快的心情還能持續一整天。

再加上一回家就看到整理得乾乾淨淨的房間，夜晚的時光也能舒適自在。

「早晨簡單打掃」的有無，會讓日子的「舒適度」大不相同。

從「玄關」就能看出家庭的情況

住家依功能分成了幾種不同的空間。
玄關供家人進出，並且在此迎接訪客。
客廳是家人齊聚的場所。
臥室則是每個家庭成員休息睡覺、養足精神的地方。
只要其中一個空間混亂失序，一家人的關係就有可能產生裂痕。
因此，每個人都該認真打掃，保持清潔。

○「玄關」等同自己和家人的顏面

首先來說玄關。

「玄關」最初是指禪僧的居室「方丈」的入口。在佛教裡意味著「通往妙道玄旨之門」，亦即進入禪宗修行的法門。

武士先將玄關引進自己的屋宅後，最終慢慢普及至一般家庭，才演變成了我們現在熟悉的玄關。

從原先的意義來看，**玄關在住家中可說是最重要的一處空間**。所以應該時時打掃乾淨，保持清潔。

再者古人常說，**「從玄關就能看出一戶人家的情況」**。

玄關乾淨的住家，內部通常也收拾得整整齊齊；玄關雜亂無章的住家，內部肯定也是亂七八糟。

不僅如此，玄關還體現出了居住者的待人接物，乃至一家人的關係和快樂程度，日常生活樣貌都將展露無遺。

○打掃前先從「整理鞋子」開始

開始打掃之前，首先應該將散落一地的鞋子都收進鞋櫃裡。

經常看到有些家庭的玄關被數不清的鞋子埋沒，讓人驚訝這一家子到底有幾口人？而且，「鞋子山」只會擋住從外面進來的好運氣。

理想的玄關狀態，是一雙鞋也看不見。若能養成習慣，「回到家脫了鞋，馬上就收進鞋櫃裡」、「出門前才從鞋櫃裡拿鞋子出來」，這樣是最好的。

再多嘴一句，如果收鞋時能簡單地撣落灰塵，這樣子更好。

當然也不能忘了定期擦鞋，經過精心保養的乾淨鞋子，也是決定時尚與否的重要因素。

順便再提醒一下，**到別人家拜訪時，最好將鞋子併攏擺好；可以面向大門脫鞋，或者脫下後再把鞋子轉過來擺放。**雖然是很小的事情，但這種習慣的有無，在在體現出一個人的為人。

鞋子都收起來後，也便於打掃。

畢竟掃地、擦地的時候，不用再一一把鞋子挪開，打掃速度自然能加快。若想消除從屋外帶回來的灰塵與髒污，每天早上都打掃玄關是非常重要的。

○為玄關妝點增色

除了打掃，也可以來點表演為玄關增添風情。

例如夏天的時候打水消暑，有客人來訪時則是撒鹽淨化空間，或是擺些當季的花草和喜歡的小東西當裝飾。別說家人，客人也會感到溫馨舒適。

另外也建議裝設全身鏡。出門前，就能檢查自己的姿勢、服裝與神情。

尤其現代人長時間都對著電腦和智慧型手機，上身容易前傾，所以鏡子正好能用來調整自己的姿勢。

沒有鏡子，也能利用智慧型手機的自拍功能。先在玄關筆直站好，露出開朗微笑，然後按下快門……利用自拍畫面檢視過儀容後，再神采奕奕地出門。

客廳是「家的中心」，也是「家人的情感中樞」

現在的住宅設計似乎多把客廳擺在中心，然後從客廳通往各自的房間。房間的房門不再像過去一樣設在走廊上，而這樣的構造也讓一家人容易看見彼此。

因此，客廳是一家人齊聚的場所。一家人會聚在這裡聊天、看電視和看電影，度過悠閒的時光。

○雜亂的客廳會導致家庭失和

客廳若是一片狼藉，家人間就會經常因此發生衝突。

比如「不要衣服脫了就丟在這裡！」、「垃圾要確實丟進垃圾桶！」、「食物殘渣和沒喝完的飲料不要放在原地！」、「不要蹦蹦跳跳，灰塵都飛起來了！」等等諸如此類。有時還因此發展成家庭的失和。

況且，客廳若太過髒亂，一家人也會不想靠近，各自都關在自己的房間裡。

倘若各位家中的客廳現在十分髒亂，請全家人一起打掃，讓客廳煥然一新吧。

並且在打掃完後，**「為了保持整潔，要決定好每天早上負責打掃的人」**。一旦切身體會過乾淨的房間有多麼讓人神清氣爽，就會有動力持續掃除。

不僅如此，還會捨不得弄髒乾淨的房間。只要稍有弄髒或有垃圾掉在地上，就會非常在意，甚至沒有馬上擦乾淨或撿起來丟掉的話，還會因此渾身不自在。

但只要對一點垃圾或髒污視而不見，垃圾的數量就會在轉眼間增加，到處也變得髒兮兮的。因此，每天的打掃有其必要。

客廳是「家的中心」，也是「家人的情感中樞」，所以請努力維持整潔。

○乾淨清爽的房間有助於酣然入睡

許多現代人似乎都有失眠的困擾。

原因不勝枚舉。諸如心裡有煩惱、擔憂，無法停止胡思亂想；睡前還在看電腦或智慧型手機，導致大腦處於亢奮狀態，遲遲難以進入「睡眠模式」；一整天沒有活動到多少筋骨，導致大腦雖然疲累，身體卻一點也不累。

……除了上述這些原因，個人認為臥室的雜亂或許也是原因之一。**因為待在物品紛亂雜陳的房間裡，可能導致睡眠品質下降。**

這麼說也是因為，我們禪僧從修行時期開始就習慣在「沒有多餘物品，清爽潔淨的環境裡生活」，這樣才不會為無謂的小事煩憂，能夠專心在修行與作務上。

事實上我只要一躺上床，就能馬上入睡，而且是一覺到天明。當然，這也是因為我晚上九點半過後，就不會再想些讓人煩心的事，而是靜靜休息，讓大腦完全放鬆，才能在相輔相成下達到這樣的「成果」吧。因此我深刻體會到，臥室的環境也會帶來不容小覷的影響。

如果經常失眠，請藉此機會重新檢視自己的房間。

床鋪與棉被四周是否隨意地堆滿了雜物、書籍和雜誌？

衣服脫下後是否沒有放到該放的地方，而是隨手一丟？

不用的寢具是否直接堆在房間角落？

有沒有將客廳與書房放不下的東西帶回房間，當成「倉庫」在使用？

只要其中一項符合，請馬上開始整理房間，房內只放基本的必需品。

在臥室變得清爽宜人後，心境也會開闊起來，比較不容易胡思亂想、鬱鬱寡歡。

簡約又舒適的空間能夠帶來「美好的睡眠」，進而讓人從一早開始就擁有「美好的一天」。

每個季節都要重新檢視衣櫥與衣櫃

日本自古以來就有**「換季」**的習慣。

例如學校制服，會隨著行事曆「從六月起換夏季制服」，「從十月起換冬季制服」。

如今因為氣候與地區的不同，溫度有很大的差異，所以換季時間也不盡相同，但這樣的「習慣」從未消失。

雖然近年來這種「換季文化」已漸漸式微，教人深感遺憾，但也希望最終能以另一種形式繼續傳承下去。

○禪僧一年會換季四、五次

至於我們禪僧的僧服，春天會穿輕薄的「羽二重」[21]，六月換上絽織布料，等到梅雨季快結束時則換上紗織[22]。

一般紗織的僧服會穿到八月底，但近年因為殘暑難消，所以現在都穿到九月的第一週左右。但若眼看快到彼岸節（請參考第206頁）了，天氣再怎麼炎熱仍會換回絽織的僧服。然後從十月開始，若還有些炎熱，則會換上輕薄的羽二重；轉涼的話再換成厚一點的羽二重，就此度過冬天。

僧服有明顯的髒污時會拿去送洗；沒有的話，則收起前會先放在

21 一種輕薄柔軟，布面帶有光澤的絹織布料。

22 絽織和紗織是織法名稱，兩者皆是夏季專用的布料，絽織有明顯的條紋狀透明紋路，紗織則是整體更透明一些。

陰涼處晾乾。在天氣晴朗、乾燥的日子拿出去吹吹風，曬完摺好，再夾入防蟲香。

摺僧服時還要仔細檢查衣物有無破損和脫線，視情況需要自己縫補，或是送去請人修補。

換季也是保養衣物的好時機。

聽起來可能會覺得這些步驟麻煩又費時，但換季這項行為背後，其實有著「長久使用重要衣物」的心意。

而且換季也是為了迎接另一個季節的到來，讓身心能作好準備。整理了衣物，才能轉換心情，迎接新的開始。

○衣帽間的三個陷阱

有人家裡或許是這樣的情況：

「我家裡有獨立衣帽間，所以沒有換季的必要。根本不必理會現在是什麼季節，一年到頭所有衣物都掛在衣架上。」

衣帽間的服裝收納確實省了「換季」的麻煩，非常方便。

但從收納整理的角度來看，這只會導致衣櫥產生不必要的空間浪費。

主要原因有以下三個。

第一，是**不再穿的衣服可能變成「永久性庫存」**。

如果衣服一直掛在衣架上或者放在置物箱裡，過了幾個或幾十個季節都沒有拿出來穿過，甚至數量還越來越多，只會導致無效的空間不斷擴張。

另外，請想像自己是被塞進衣櫃狹窄空間裡的衣物們。難道不會想讓它們出來曬曬太陽嗎？

「換季」其實也是檢視衣物，並處置不要衣物的大好機會。

至於如何處置，正如前面所說，可以「定好丟棄的標準」。

第二，是**很難找到當下想穿的衣服**。

如果不分季節，衣物都隨意掛在衣架上，當你想穿某件衣服的時候，很可能無法馬上找到。

平常如果沒有規劃好大概的擺放位置，更會被淹沒在眾多的衣物當中，提升尋找的難度。

即便有衣帽間，最好還是適時替換位置，讓當季的衣物盡量靠前，明年才穿的衣服則往後掛。

第三，是**難以掌握自己現在有哪些衣服**。

一旦不清楚自己現在有哪些顏色、圖案、款式的衣服，很容易在購買新衣時產生不必要的花費。

因為人的喜好是固定的，往往會購買相似的服裝。買完後才發現「我已經有類似的衣服了」，導致「無用庫存」進一步增加。

但是，**「只要趁著換季時進行整理，每個季節都能清楚了解自己有哪些衣服」**。

整理之餘，還能提前作好規劃。比如「暗色系的衣服有點太多了，今年多買些亮色系的衣服吧」、「去年買了不少新衣，今年就節制一點吧」。

再者實際看過手邊擁有的衣物後，也可能因此激發靈感：「這件跟這件好像可以組成很新鮮的搭配」、「這件褲子已經退流行了，但裁成短褲後應該能當居家服穿」等等。**整理時，可以順便從「能否重新利用」的角度去檢視**。

以上各位覺得如何？

希望大家能了解到，即便家裡有衣帽間，最好也要進行「換季」。依季節整理過的衣櫥不僅看起來整潔有序，也會讓人心情愉快，每天更能盡情享受挑選衣服的樂趣。

○用「三個箱子」整理櫥櫃

整理物品時你是否會懶得思考去留，總之先把東西都塞進櫃子裡？

住家若有豐富的收納空間，更容易有這樣的傾向，但讀到這裡的讀者，想必都已經知道這不是一個好現象。

「無用之物會讓氣運的流動變差」。

這點之前已經強調過了，所以絕不能讓櫃子形同垃圾桶。

趁著「換季」，也順便整理一下櫃子吧。先準備三個箱子，依作用標成以下三種：**①保留、②丟棄、③待定（暫時無法決定要保留還是丟棄的物品）**。

分類好後，每當「換季」的季節到來，都打開箱子檢視裡頭的東西。每次都要重新思考，是否依然保留，或者可以捨棄。

慢慢地，部分「保留」裡的東西會移到「待定」，部分「待定」裡的東西會移到「丟棄」，循序漸進地「淘汰」掉不需要的東西。

櫃子裡的東西最好別一直放著，「依必要性分裝成三個箱子，並且定期打開檢視」。這麼做有助於減少無用之物，請務必當作參考。

廚房是生命之源，一定要保持乾淨

廚房是每天煮飯的地方，食材則是大自然的生命本身。**這意味著，廚房是處理生命之源的神聖場所，那當然不可以弄髒。**每天都應該將廚房打掃乾淨，廚具也擺放整齊；火源與水源四周以及鍋碗瓢盆等，都要擦得光亮如新。廚房越清淨明亮，越能成為一家人的生命之源。

禪寺裡，稱呼在廚房裡烹煮三餐的人為「典座」，這是非常重要的職務。

道元禪師將其對典座的見解寫成了《典座教訓》一書，並提出了所謂的三心。

①「喜心」——對於烹飪不忘保有喜悅之心
②「老心」——為對方著想，認真烹煮食物之心
③「大心」——懷抱大愛，料理時不抱任何偏袒之心

○禪學中「料理的講究」

道元禪師認為，烹煮食物時只要懷抱三心，便能煮出不亞於上等食材的美味。他也藉此教導世人，烹煮時別忘了感謝成為食材的萬物生命，並且心裡要全心全意地想著即將吃到食物的人。

這樣的精神也體現在了「善用食材」上。在禪寺裡，會將紅白蘿蔔削下的皮切成細絲，做成拌炒過的小菜；還會將不吃的蔬菜蒂頭曬成乾，用來熬煮味噌湯的湯頭；一般多被捨棄的白蘿蔔與芹菜的葉子也會留下來，做成醬菜或加在味噌湯裡。

禪寺廚房裡的鍋碗瓢盆自然也收拾得整整齊齊，眼見之處無一不擦得一塵不染。水槽裡不見半點水垢，火源四周也沒有油漬，每個鍋子都乾淨到發亮。

完全可以當作是「理想廚房」的典範。

○飯後「馬上洗碗」是禪宗的規矩

在禪的世界裡，任何事情「馬上去做」是基本，沒有「做與不做」的選項，只有「現在馬上去做」。因此，「飯後馬上洗碗」可謂天經地義。絕不可能摸著肚子說「我休息一下再洗」。

更不可能早飯吃完也不收拾就出門，等到回來後再洗；或是因為想睡，就把晚飯的碗盤丟著去睡覺，等到明天早上再洗。這些行為完全違背了「掃除道」的理念。

請記住，飯後的碗盤絕對不能休息一下再收拾。

再說了，當你工作累了一天回到家，或是早晨醒來的時候，若看到沒洗的碗盤在水槽裡堆積如山，心情肯定會跟著變糟吧。不僅會心生厭煩，還會心浮氣躁起來。

而且不洗碗就先去休息，真的能夠徹底放鬆嗎？

「等一下得收拾」的想法會一直盤踞在腦海角落，反而讓人心情沉重。該做的事情做一做，輕鬆愉快地去休息，更能好好放鬆。

○不浪費的餐具清洗方式

關於如何打掃廚房，我認為可以參考禪寺的作務，以實踐永續發展目標所提倡的**「友善環境的打掃」**。

比如洗碗，在禪寺裡，洗碗時禁止開著水龍頭任水流出。回想一下第二章所介紹的「滴水成凍」這句禪語，禪的教誨便是一滴水也不能浪費。

具體的餐具清洗方式如下：

①先用紙張擦去油污

②用水（或熱水）很快地沖洗一遍

③將①的餐具浸在清洗盆裡，關水

④使用洗碗精清洗所有碗盤

⑤開水，沖掉洗碗精

照著這樣的步驟清洗碗盤，相較於一直開著水龍頭，不僅用水量減少至三分之一，還能減少洗碗精的使用量。

另外，油炸食物後所剩的油，也能用來繼續炒菜，直接倒掉可能造成水管阻塞。

水電行的師傅曾說過，現在隨著時代進步，水管越來越容易阻塞了。最常出現阻塞情形的，就是平日經常食用泡麵的家庭，因為含油量高的湯頭在流經水管時，油脂在水管內凝固了。

應對的方法，就是「在倒完泡麵湯頭後立刻用熱水沖洗」，多少可以預防阻塞。當然，也別忘了定期使用水管疏通劑。

至於放太久、用不完的油，最好的處理方式是先用紙張或布料吸附油脂，再當作垃圾丟棄，而敝寺則是利用碎紙機的碎紙吸附油脂後再丟棄。

只要像這樣多花一點工夫，廚房的髒污便能減少一些，也讓我們在日常生活中實踐的「掃除道」能夠響應永續發展目標。

○廚餘應該盡可能「回歸塵土」

再介紹一個「友善環境的打掃」的例子。

那就是「廚餘盡可能回歸塵土」。

先將廚餘倒進大型的木桶等容器中，並且要避免倒入沾有洗碗精和含有大量油脂的廚餘，以免給土地造成負擔。然後等廚餘累積到一定程度，再在地面挖洞埋起來。

隨著廚餘漸漸回歸塵土，土壤會變得鬆軟，若再種上蔬菜或花卉，就會生長得十分茂盛。

垃圾中，廚餘似乎占了相當大的比例，近年來許多公寓大廈也設置了大型堆肥箱。我認為這對環境來說是很好的嘗試。

冰箱裡的東西各得其所

打掃廚房時，冰箱也是整理的重點之一，但似乎許多家庭都不太重視。

最大的問題就是，**沒有明確規劃好食材的擺放位置，比如每一格應該擺放哪一類的食材。**

「不是的，我們家都有作好分類……」

但即便作好分類，如果冰箱裡的東西沒有在它該在的位置上，那也等同沒有規劃。冰箱形同是共享的「開放式空間」。

那麼這會導致什麼問題？

比如「想找的東西老是找不到」，這種情況就會頻頻發生；或者明明記得東西放在這裡，卻怎麼也找不到，納悶放到哪裡去了。找著找著，時間一分一秒流逝。

常常找到冰箱發出警示聲了，也還是找不到，最終只能放棄；買了新的以後，才發現「原來在這裡」，這種情況更是屢見不鮮。結果白白浪費了時間、電費與金錢。

而且如果沒有整理，一味把東西往冰箱裡塞，食物很容易被擠到角落，直至腐壞。

除此之外，有些食物可能在冰箱裡放了多年，卻渾然不知早已過了有效期限或賞味期限；或是誤以為已經吃完而重複購買，導致「庫存」無謂增加。更何況，冰箱裡塞滿食物只會降低冷卻效率。

○冰箱的雜亂會導致生活的雜亂

無論如何，雜亂的冰箱勢必會影響日常生活。

沒有好好清潔整理的冰箱，反映出了一家人在生活上的邋遢與散漫。

往冰箱裡放置食材時，不妨多花點心思。比如**將包裝上的有效期限或賞味期限朝外，快到期的就往前放；參考辦公室抽屜裡的資料夾，為冷凍庫裡的食品貼上索引標籤並直立擺放；盡可能消除「死角」，讓食材一目了然**等等。

多花點心力整理，不僅能提高冰箱的使用效能，也有助於在生活中約束自我。

廁所和浴室是讓人「放鬆」與「湧現靈感」的空間

前些日子，敝寺建功寺耗時六年半興建了新的本堂。

其中較為特別的是，我們斥資在廁所內使用世界頂級名石「庵治石」[23]製作洗手台，而且是純粹天然的庵治石。

人們往往不會為廁所花費太多心思，但是，**「其實廁所和浴室才是最應該花錢投資的空間」**。這是為什麼呢？

○禪寺的「三默道場」

禪寺裡有三個地方「禁止私語」。

第一是「**僧堂**」。

僧堂是僧侶的居室，也是坐禪和吃飯的地方，換言之即是最主要的修行地。

第二是「**東司**」——也就是**廁所**。

第三是「**浴司**」——也就是**浴室**。

這三個地方都被視為重要的修行地。但僧堂也就罷了，聽到廁所和浴室也是修行場所，各位或許覺得奇怪。事實上，有神明就是在廁所和浴室裡開悟。

在廁所裡開悟的神明是「烏蒭沙摩明王」[24]。廁所一向被視為「不淨」之地，在這樣的不淨之地開悟，意味著祂擁有「轉不淨為清淨」

23 在日本香川縣高松市出產、擁有優美光澤的花崗岩。

24 禪宗與密宗主要金剛護法神之一，不畏污穢，甚至能安胎助產，常於廁所前奉祀，或視之為廁神，其本誓是噉盡一切不淨之物。

之德。

而在浴室裡悟道的神明是「跋陀婆羅菩薩」[25]。禪寺的澡堂大多供有祂的神像，並且規定入浴前要對著神像拜三次。

○在浴室和廁所放鬆後的收穫

言歸正傳，聽到有神明**「在廁所與浴室裡開悟」**，大家當真感到意外嗎？我想不至於吧。

因為各位一定有過類似的經驗：正坐在馬桶上或者悠哉泡澡時，原本苦思未果的難題突然有了解決方案，或是腦中湧現新的靈感。

這便是「放鬆後的收穫」。**要是廚房和浴室能打掃乾淨，一定能獲得更好的靈感吧。**

因此，廁所裡的馬桶和地板都請刷洗乾淨，水龍頭之類的金屬也請擦得閃閃發亮。

不需要每天，但弄髒的時候，請一定要每次都清理乾淨，這是對下一位使用者的體貼。

另外，**市面上有許多商品都是為了讓人能夠舒適地如廁與沐浴，所以不妨花點小錢，讓自己奢侈一下。**

這樣或許能讓自己更放鬆，得到更好的靈感。

○鏡子會映照出你的心

浴室容易發霉、生水垢。

25 禪宗與密宗的十六大菩薩之一。跋陀婆羅在洗澡時悟得「水不洗身，也不洗垢」，明白了塵為不淨，身體亦不永久，皆是無常，而水只是從兩者間流過，唯有真心才是不變的。基於此說，禪宗遂於浴室安置跋陀婆羅菩薩。

所以放熱水前一定要仔細清潔，泡完澡後也要為下一個人著想，認真清理浴缸和地板，恢復原狀。

一般盥洗室內還會放置肥皂、洗髮精、化妝品和吹風機等物品，但東西一多就顯得雜亂，請決定好它們的「家」，徹底收納歸位。

還有最重要的是，鏡子要擦得晶亮。

因為鏡子會反映自己的心，最好別沾染污漬、蒙上灰塵。

家中的每一個人在用完盥洗室後，都應該順手清潔洗手台上的頭髮和髒污，並用乾布擦拭鏡子。

進入廁所和浴室，「每個人都應該為下一個使用者著想，使用完畢後清理乾淨」，這是最基本的禮儀。

陽台與庭院是外在的門面

其實路上行人，比屋子裡的人更能清楚看見陽台與庭院。要是陽台與庭院堆滿雜物、雜草叢生，試想會給人怎樣的感受？路人大概會留下「這戶人家都沒在整理呢」的印象吧，這也等同在向外人宣告，這戶人家恐怕內在也是凌亂不堪。沒有人會想帶給他人這樣的感受吧，請務必小心。

○試著打造小型的「禪庭園」

禪語裡有句話叫「樹下石上」。

「樹下石上」是禪僧的理想境界，「坐在樹下之石上，獨自一人安靜打坐，與大自然融為一體」。

但就算是禪僧，也不可能時時置身在這種環境中，所以才在寺院裡打造庭園。

「禪庭園」由此而生。

我在國內外也經手庭園設計，深刻體會到「禪庭園是集僧侶之智慧而成的藝術」。

遙想萬里外的群山，讓思緒奔馳在山澗的流水聲中，接著將萬里外的風景縮小再縮小，創造出一方小小庭園。「禪庭園」是在有限的空間裡，呈現大自然的恢宏壯闊。

各位也能試著在自家庭院的一隅或者陽台上，打造一座小小的禪庭園。

這一點也不難，只要有一公尺見方的空間就足夠，然後在其中展現出自己內心的風景。

等到平常有些疲倦、心裡有煩惱或擔憂的時候，讓自己望著庭園發呆一會兒，內心的紛紛擾擾必能一掃而空。

○庭院與陽台會反映自己和家人內心的風景

你會每天從房間看看陽台或庭院嗎？

回答「會」的人，平常一定都會好好打掃與維護，因為只要看到有一處髒亂，就會渾身不自在。

反之回答「不會」的人，多半平常並未細心打理。庭院的雜草任其生長，樹木的枝葉也未經修剪，枯萎的花草四處蔓延；陽台更是堆滿無用之物，儼然成了倉庫，對這一切卻全然「視而不見」。

如果看見了，或許還會想收拾，但正因為從不正視，任其荒廢也不會難受。

然而，庭院與陽台其實是「赤裸裸」地呈現在外人眼中。請試著站到屋外，從路人的角度端詳自家的庭院與陽台吧，一旦發現髒亂不堪，肯定會感到羞愧。

「**庭院與陽台會反映你和家人內心的風景**」。

請意識到這一點，努力將庭院與陽台打理成美好的空間吧。無論是家人還是路人，相信看到的人都會心生愉快。

○在生活中感受四季的變換

庭院與陽台應該用哪些植物來妝點色彩？相信十個人有十種答案，所以最好依照個人的喜好。

例如擺上整排喜歡的花卉，住家的氣氛會立刻變得明亮清新，讓看到的人也跟著心情愉快。然後每天澆水、看著花成長，漸漸也會心生喜愛，越來越能體會「賞花弄草」的樂趣。

或是享受**「收穫的樂趣」，種些蔬菜或其他會結果的植物**。乍聽之下不容易，但其實意外簡單，例如香草、小番茄、茄子、小黃瓜和青椒等，就算沒有庭院，有個大一點的種菜盆也足夠。

夏天還可以栽種絲瓜、苦瓜和倒地鈴這類的藤蔓植物，形成遮陽的綠色屏障。

像這樣在生活中栽種、欣賞植物，更能切身地感受到四季的變換，豐富心靈。

工作桌連抽屜也要井然有序

新冠疫情之後，「居家工作」的情況變得普遍，因此本來沒有書房的人，可能需要為了工作在家裡設置辦公空間。

那麼，你的工作空間井然有序嗎？

家裡的工作空間，也應該和辦公室的座位一樣，整理得有條不紊。

這是「工作能力優秀」的證明，家人也會對你另眼相看。

○「桌面」的清理乃首要之務

書房與工作室最容易變亂的地方，就是桌面。沒有乾淨的桌面，就不可能提升工作效率。

因為一定會發生以下情況：**需要的資料埋在文件堆裡、想找的文具找不到、物品隨便擺放，導致桌面沒有多少工作空間⋯⋯**

在這樣的桌子前無論坐上幾小時，工作的效率和表現都不可能變好。

所以，請先整理桌面吧，文件分類好放進收納盒裡，不要的便丟棄。

桌面清空後，接著整理抽屜。像筆、USB隨身碟、便條紙、書夾、釘書機、剪刀、尺和美工刀等小東西，如果都隨便地塞在抽屜裡頭，請先進行分類，並訂好各自的收納位置，以便下次迅速拿取。

當然使用完後，一定要放回自訂的收納位置，並且定期檢視、整理，常保抽屜整潔有序。

○桌面上不要有「昨天的痕跡」

工作桌整理完畢後，重點是下定決心，「以後不再弄亂」。如果不想故態復萌，關鍵在於**「每天結束工作後，先把所有東西歸位，桌面保持整潔」**。

或許有人會想：「反正隔天工作還要用到同一份文件或資料，直接放在桌上有什麼關係？」

那麼試想一下，當你坐下來看著凌亂的桌面，內心會不會感到厭煩？因為昨天的凌亂，很容易影響今天的心情。

但如果桌面乾乾淨淨，就能以嶄新的心態面對當天的工作，幹勁也會格外不同。

有句禪語叫**「日日新，又日新」**。正如字面上的意思，每天都是新的一天。所以要用嶄新的心情，開啟新的一天。

為此，**桌面上絕對不能有「昨天的痕跡」**。

○ 我的電腦整理法

不只實體桌面需要整理，電腦的桌面也是。通常不擅長整理的人，**不僅垃圾會隨手亂丟，電腦桌面也會堆滿檔案，從不好好分類**。

這樣一來，每次找檔案都得耗費一番工夫。

或許有人會想，「就算不分類，利用搜尋功能也能馬上找到」，但實際上往往沒這麼簡單。因為可能會忘記檔案名稱和儲存日期，或是關鍵字對不上，結果再也找不到那份資料。

我在整理電腦上的檔案時，會遵循以下幾個原則，在此僅供各位參考。

①桌面上只放當下正在進行的工作資料夾。

②依工作內容建立不同的資料夾，例如：寺院、設計、寫作、演講、其他等。

③每完成一項工作，就把檔案移到對應的資料夾保存。

④保存時為檔案名稱加上日期。

不知各位覺得如何？

這些原則非常簡單，但我一定確實遵守。

如此一來，電腦裡的資料絕不可能亂七八糟，想找檔案時，也能馬上找到。

另外，過去在蒐集資料時，都是翻閱書籍與報章雜誌，發現「這個可以用」、「這個真有趣」，就把感興趣的內容剪下來。但這樣不僅越來越占空間，也難以隨時取用。

但現在我們有了數位工具，看完喜歡的報導後，可以當場掃描下

來，分門別類存進電腦裡。

「數位保存」的出現，讓我們現在能立刻找到需要的參考資料，不用再像以前那樣翻找剪報盒，只要輸入關鍵字，按下搜尋就能找到想看的報導。

甚至「數位保存」沒有實體，不占空間，而且完全透過電腦管理，所以桌面不可能變得凌亂。個人非常推薦這種整理方式。

打掃工具簡單即可

就像棒球選手會保養手套、廚師會磨菜刀，追求掃除道的人，也非常重視打掃工具。

善於打掃的人不需要太多工具，使用的工具都很簡單，甚至偶爾會加以改造，以符合自己的需求，然後長久使用。

這也是一種「掃除道」。

「好，接下來我要朝著掃除道全力前進！」

就像這樣，越是鬥志高昂的人，就越容易想購買標榜「能強力去除頑強污垢」的最新型打掃工具和清潔劑。

我可以理解這種心情，畢竟走進超市和藥妝店時，店內總擺放著各式各樣吸引人目光的清潔用品。

但請仔細想想，如果每天打掃，並且每週或每月定期清理平時掃不到的地方，根本不可能累積「頑強污垢」。

所以，你既不需要強效的清潔劑，也不必依賴標榜吸力強大的吸塵器等清潔家電。

○「高效的清潔工具」沒有必要

雲水修行僧在打掃時，所用的工具僅僅四樣：撣子、掃把、抹布和水桶。撣子用來撣灰塵，掃把用來掃地，抹布用來擦拭。基本上這三個動作，就足以將住家打掃得一塵不染。

若是一般家庭，還可以再使用吸塵器，但功能不用太複雜，基本款就已經足夠。

真想再添加工具的話，頂多就是用過的舊牙刷，可以用來清理窗框凹槽和家具間的縫隙。

一旦太過依賴市面上的「高效清潔產品」，就不可能在「掃除道」上有所精進。

○珍惜工具的人往往有良好工作表現

無論在哪個領域，有一點是共通的：**「珍惜工具的人往往有良好的工作表現」**。

除了精心保養，依需求自行「改造」工具也很常見，例如有些泥作師傅會購買舊日本刀，委託打鐵舖重新鑄造成塗抹水泥用的鏝刀。

打掃工具也一樣。在敝寺，大家是依個人需求自行製作竹掃把，我們會趁著秋天砍下當年生長的竹枝，束起並削齊前端，就能做成簡單的竹掃把。好處是，粗細和長短完全「量身訂做」。

年輕的竹枝柔軟而有彈性，非常適合掃地，雖然過了三年就會變硬，但用來清理石頭上的髒污也非常好用。

當然抹布也是自製。現在市面上會販售「現成的抹布」，但我們的作風比較老派，習慣使用「舊布縫成的抹布」。

對於自己花時間製作和改造的打掃工具，自然會多一份感情，也會好好愛惜。

這可以說是「掃除道」的起點。

找個空間表達「款待之心」

從前的住家會設有接待訪客的傳統客室，房內有所謂的「床之間」。床之間其實就是「**款待的舞台**」，意在讓來訪者度過一段愉快的時光。

家中如果有床之間，**就能依照訪客的喜好和興趣進行布置，或者點綴一些當季的色彩**。即便家中沒有，大家也應該在歷史悠久的宅邸或旅館裡見過。床之間通常高於房間地面，正面牆上掛有掛軸，並且在疊蓆或木板上擺放物品或鮮花作為裝飾。

那麼，床之間這處空間究竟為何而設呢？

一言以蔽之，就是「**為了款待賓客**」。

考量季節與天候、來訪者的喜好及當下的心境等各種因素，精心挑選擺設，期許來訪者在此度過輕鬆愉快的時光。

○以客人為「主角」的空間營造

請看以下這些例子：

「這幾天這麼熱，掛上畫有風鈴和金魚的掛軸，幫客人消消暑。」

「冬天容易讓人感傷，擺盆寒椿花增添明亮的色彩。」

「這位客人喜歡貓，可愛的貓咪擺設一定能帶來療癒的效果。」

「他最近看來有點累，掛上寫有禪語『喫茶去』的掛軸，讓他會心一笑。」

「他喜歡黃色，屋內的擺設盡量帶點黃色，可以讓他的心情好一點。」

「客人剛出生的男孩迎來了第一個兒童節，不如擺個頭盔飾品[26]，插些花菖蒲，聊表祝福之意。」

像這樣為客人著想，布置床之間，就是最用心的款待。

從前受邀上門的訪客，也有「參觀床之間」的習慣，感受主人在擺設中的用心，並且愉快進行交流。

這種時候要是直接說「竟然為了我這麼費心……」，那就太不解風情了。只要面帶微笑說聲謝謝，雙方便能心領神會。從前，人們非常重視這種富有感性與教養的交流。

○用心打掃，更能彰顯「款待之心」

因此，床之間是「款待的舞台」，象徵人與人之間豐富的心靈交流，也代表對精神層面細膩互動的重視，是一處意涵崇高的空間。

那要是床之間沒有好好打掃，一片雜亂呢？

現在與過去不同，住家很少有客人來訪，床之間因此成了「無用的空間」，往往被忽視遺忘。不僅缺乏細心打理，還會被當成置物空間使用，堆滿書籍與雜物，有時甚至被當成座位。

至此，床之間便失去了原有的功能。本該用來款待賓客，卻成了「根本無法招待客人的髒亂之地」，居住者的心靈也會日漸匱乏，並對人際關係帶來負面影響。

家中如果有床之間的話，請馬上動手整理吧。

○在能力範圍內「重現床之間」

即便家中沒有床之間，也可以設置替代空間。

26 日本的兒童節為五月五日，通常會掛上鯉魚旗，並送給男孩子武士的頭盔，送給女孩子人形娃娃，象徵守護與健康成長的祝福。

重點在於，願意延續日本世代相傳的美好款待之心，並在住家一隅展現出來。

例如，擺放置物架或展示櫃。不行的話，就在五斗櫃上或櫃子一角騰出空間，模擬並重現床之間。

然後，像是在小小的花瓶裡插上一朵當季的花，或一根小樹枝。配合節日裝點鮮花或人偶，像雛人偶[27]、武士人偶、七夕的竹子[28]、秋天賞月時供奉的芒草[29]等等。

也可以擺些自己喜歡的飾品，或讓人平定心緒的物件。

寫下喜歡的歌詞、名言或圖畫，並以紙板或畫框代替掛軸。

在喜歡的香爐裡焚香等等。

只要懷抱為客人著想的心意，無論如何擺設都可以，請務必盡心款待。此外用不著多說，模擬的床之間當然要隨時保持整潔。

讓住家有可以合掌的地方

對著佛壇跪坐，向祖先合掌禮拜時，內心總能感到平靜，這或許是因為感覺到祖先和佛祖正在庇佑自己吧。

對每個家庭成員而言，佛壇是重要的「心靈依靠」。

近年來「家中沒有佛壇」的家庭變多了，但就像床之間，可以自己**「設法重現」**。**創造一個能夠雙手合十、心緒清明的空間吧。**

從前幾乎家家戶戶都有佛壇。早晨，家人會各自到佛壇前雙手合

27 日本女兒節（三月三日）最具代表性的習俗之一，就是在家擺設雛人偶。一般最高級的人偶會有七段，再下來是五段、三段、一段，以此祈願家中女童無病無害、健康成長，同時也藉此展現平安時代貴族婚禮的樣貌。

28 日本人借竹子向上生長、步步高升的意涵，將心願掛在竹子上，藉此將願望傳達給神明和祖先。

29 象徵驅邪、守護作物，以及祈禱來年豐收的意涵。

十，向祖先祈求一天的平安再出門。

回到家後，再報告自己平安度過了這一天，並表達感謝。

有任何開心、難過、擔心和煩惱的事情，也會向祖先報告，一吐為快。

○回歸「本來的自己」

那為什麼要這麼做呢？

原因很簡單，因為**人在合掌的時候能回到「本來的自己」，讓心緒平靜下來。而且傾吐了所有煩亂的雜念後，心情也會格外暢快。**

如果家中有佛壇，卻從來沒有坐下來雙手合十的習慣，那就等同於放棄了自己的佛性，恐怕每天也會因此過得毛毛躁躁、心神不寧吧。

從今天開始，請養成早晚都對佛壇合掌禮拜的習慣，這是一種打磨佛性的「心靈掃除」。

如果家中沒有佛壇，當然也不必強行設置。現今的時代是以核心家庭為主，通常家庭成員都健在，家中也不會有牌位或遺照。

這種時候，**只要供奉一張寺院或神社的御札**[30]**，就能營造一處神聖的空間；還可以擺上全家福，或寫有座右銘的毛筆字作為裝飾。**

對著這樣的空間合掌禮拜，心情便會清淨明亮。

○祖先和神佛就在身邊

除了佛壇，大家進到寺院和墓地的時候，也會自然而然雙手合十吧，這樣的舉動其實有其意義。

30 也叫神札，神社頒發的木製或紙製的護身符，上面刻有神社的名字和神明的名字，作用類似「請神明到家裡坐鎮」，讓整個家都能受到神的庇佑。

右手代表佛祖和自己以外的他人，左手則代表自己，所以兩掌相合，也就是「合掌」時，象徵自己的心與佛祖及其他所有人合而為一。

如此說來，不僅在佛壇前，對著太陽與月亮、仰望天空與高山、欣賞路邊野花時，也有許多機會自然而然合掌。

這也代表無論身在何處，都能感受到神佛和祖先就在身旁，並切身體會到自己時時刻刻受到庇佑。

心靈安定後，便能無懼於任何情況，進而培養出不輕易驚慌的「不動心」，沒有比這更強大的心靈依靠了。

好好對待「心靈的依靠」

寺院每天都會毫不懈怠地清理佛壇，因為佛壇是神聖之地，絕不能蒙塵或累積污垢。

再者，佛壇其實很容易髒，不僅容易累積灰塵，蠟燭燃燒產生的黑煙與滴落的蠟油以及香灰等等，很容易附著在各個角落。

各位想必也有過類似的經驗，偶爾打掃時才發現：「原來這麼髒啊。」所以希望大家每天都能簡單清理，就算只是撣撣灰塵也好，再搭配定期的仔細清潔。

還有從香灰中取出未燃盡的線香，以及過濾香灰。可以每週一次或每月兩次，定好日期清理佛壇。

另外在寺院，一早醒來就要向本尊（主要供奉的佛祖或菩薩）奉茶。

茶葉在過去是非常珍貴的物品，即使到了現在，我們仍會用清晨打的第一桶井水，泡一壺香氣迷人的茶，在自己品嘗前先供奉給本尊。除此之外，更換供花用的清水也是一項重要工作。

各位家中是否也延續了這些習慣呢？

如果有就太好了。

這代表對看不見的神佛仍心存敬意，請繼續保持，不要怕麻煩。

○墓地雜草叢生，祖先會在九泉下哭泣

另一件絕不能忘的事情，就是打掃墓地。

要是覺得掃墓很麻煩而總是偷懶，墓地就會日漸荒涼，變得雜草

叢生，墓石覆滿青苔，垃圾越積越多……這種情況就像對內心的髒污視而不見。

雜草還會遮蔽祖先的視野，讓他們無法庇佑子孫，恐怕在九泉之下都要哭泣了。

為了避免這種情形，**平時應該常去掃墓，拔除雜草、清理垃圾、刷洗墓石，維持墓地整潔。**

掃完墓、插好鮮花、擺好供品，一切都打理妥當後，再合掌悼念。自己也能抱著彷彿受到洗淨的心情，向祖先表達感謝。

掃墓無論何時都可以進行，但建議定個明確的日期。

以下列舉幾個適合掃墓的日子。

○這些「節日」適合掃墓

● 年始年末——在這重要時刻，通常會向祖先說聲新年快樂，順便報告一年來的近況。一家人也在此時團聚，可以大家一起掃墓。

● 盂蘭盆節——迎接祖先靈魂回家並進行供養的節日。除了請僧侶在祭壇前誦經，也可以去掃墓。

● 春秋的彼岸節——三月的春彼岸與九月的秋彼岸，分別以春分與秋分為中日（中間的日子），加上前後三天共七天。相傳中日這天距離那個世界最近，最容易將心意傳達給祖先。

● 祥月命日——指故人離世的當月當日。如果可以，每月在故人逝世的那一天（即「月命日」）都去掃墓吧。

還有人生邁入重要的階段時，如升學、成年、就職與結婚等，也可以向祖先報告，感謝他們一直以來的庇佑。

若老家的墓地距離太遠，不便前往，也可以返鄉時再掃墓。

無論如何，墓地是與故人、祖先心靈相連之處，應該和佛壇一樣視為「心靈的依靠」，時時清掃潔淨。

（完）

國家圖書館出版品預行編目資料

每天把心掃乾淨：35個讓人生好轉的禪式整理術 / 枡野俊明著；許紋寧譯--初版.--臺北市：平安文化, 2025.8 面；公分. --(平安叢書;第856種)(UPWARD;184)
譯自：人生を好転させる掃除道
ISBN 978-626-7650-59-2（平裝）

1.CST: 家庭佈置 2.CST: 簡化生活 3.CST: 生活指導

422.5 114009276

平安叢書第0856種
UPWARD 184
每天把心掃乾淨
35個讓人生好轉的禪式整理術
人生を好転させる掃除道

作　　者—枡野俊明
譯　　者—許紋寧
發 行 人—平　雲
出版發行—平安文化有限公司
台北市敦化北路120巷50號
電話◎02-27168888
郵撥帳號◎18420815號
皇冠出版社(香港)有限公司
香港銅鑼灣道180號百樂商業中心
19字樓1903室
電話◎2529-1778　傳真◎2527-0904
總 編 輯—許婷婷
副總編輯—平　靜
責任編輯—蔡維鋼
行銷企劃—蕭采芹
封面設計—Dinner Illustration
內頁設計—李偉涵
著作完成日期—2023年
初版一刷日期—2025年8月
初版三刷日期—2025年10月
法律顧問—王惠光律師

讀者服務傳真專線◎02-27150507
電腦編號◎425184
ISBN◎978-626-7650-59-2
Printed in Taiwan
本書定價◎新台幣320元/港幣107元